中公新書 2791

田原史起著

中国農村の現在

「14億分の10億」のリアル

中央公論新社刊

まえがき

今世紀に入ってから20年来、ひたすら疾走を続け、大発展を遂げてきた中国。中国に関する情報は日々、溢れ出し、国外にいても耳に入ってくる。

でも、ふと考えると、中国の農村って、いったいどうなっているのだろうか？　よくわからない。実は農村は、発展する都市の陰に、完全に取り残されているのではないか？　農村から都市への出稼ぎ者である「農民工」は労働の現場で虐げられているのではないか？「留守児童」は憐れむべき状況に置かれているのではないか？　農村の人々の不満が渦巻いて暴動が頻発し、崩壊寸前なのではないのか？　本当のところが知りたい。

この本を手にとってくださった読者の皆さんは、多少なりともこのような疑問を抱いているのではないだろうか。そうした読者の疑問に、できる限り誠実に答えてみたい。それが本書のミッションである。

中国はわずか40年前まで、人口の8割程度を農民が占める、文字どおりの農民国家で、正真正銘の「発展途上国」であった。２０２３年現在の都市化率は60％以上といわれているが、都市に住んでいても農村に実家があり、旧正月などには農村を訪れる「農村関連人口」でいえば、まだ70％を超えているだろう。ざっと10億人である。だからこそ、農村社会を理解することは、急速に発展しグローバル大国となった現在の中国の政治や経済、さらには対外関係に至るまで、より深く知るうえで避けて通れない。そのためには、中国の農民や農村が辿ってきた、独自の遍歴をも知らなければならない。

『中国農村の現在』と題する本書は、中国農村の歴史、農民の行動様式、村落生活、農村政治、そして現在進行中の都市化政策というように農村関係のトピックを広範囲にカバーする。ただし、教科書や概説書のような網羅的な記述はあえて避けている。

この本で主に紹介するのは、農村研究者である筆者が、中国でのフィールド・ワークの最中に出くわしたエピソードや、現地の人が呟いたセリフ、代表的な人物の言動や表情など、個別具体的な人々や事物に関する「小さな物語」である。本書では、それら小さな断片を手がかりとして、文献資料や統計でも補いつつ、21世紀現在の中国農村に生きる人々の発想法やリアルな暮らし、政治や都市社会との関係などにも広げ、中国農村をできるだけ多面的に、かつその背景に関する基礎知識も盛り込みつつ解説してみたい。

中国農村には、現地の常識からすると当たり前だが、外から、あるいは現代日本の視点からみると、ちょっと「面白い」というツボが転がっている。たとえば飲食にかかわる習慣もそうだし、第2章で紹介する「水道代は電気代である」話、コンバインが畦道を破壊する話や寄宿制の農村私立小学校、などもそうである。農村の現場には、政府が喧伝する「三農問題」（農業・農村・農民にかかわる問題）からはこぼれ落ちてしまう豊かなディテールがある。

　農村研究の手法の一つとして、中国の社会学者、孫立平の提唱している「事件＝過程分析」というものがある。「出来事中心のアプローチ」と呼んでもよい。ある事件、出来事の過程をまずは詳細に描いたうえで、誰が、いつ、どこで、なぜ、どのように動いたのかを分析していき、そうしたエピソードから、最終的により大きな構造や含意を引き出すというものである。筆者が本書で意識したのも、このようなアプローチである。

　都市化の進んだ現代日本に生きる私たち、特に若い世代のほとんどは、農民のメンタリティーや農村生活にたいする感覚的な理解を失って久しい。ましてや中国の農村となると、かなり敷居が高く「とっつきにくい」対象であるかもしれない。告白すれば、広島県央の農村生まれで、16歳で実家を離れた筆者自身も、偉そうなことをいえた義理ではない。農家で育ったくせに、自分で水稲を育ててみろ、などといわれるともうお手上げである。

　とはいうものの、ここであえて打ち出してみたいのは、中国農村の当事者ではない、中途半端な外国の田舎者であるがゆえに見出し得た中国農村のイメージである。世の中には、ある世界の当事者になりすぎてしまうと、当たり前すぎて、逆にみえなくなってしまうことも多い。中国農村の現実について、現代日本の視点から逆照射すればよりはっきりと意味がわかる、そんなことを狙いとしている。そのため本書は、ところどころ、エピソードの枝葉末節に入り込むことがあるかもしれない。

それでも、できるだけ中国農村の全体像も意識し、ポイントをはっきりさせるために、最初に五つの問いを立てておこう。

(1) 中国の農民とは、どのような歴史的経験をもち、どういう思考様式を有する人々なのか? さらにいえば、中国はしばしば「格差社会」といわれるが、その底辺にいる農民たち自身は、この格差にたいしてどう感じているのだろうか。

(2) 現在の農村の暮らしはどのようなものだろうか。貧困にあえいでいるのだろうか。暮らしのなかで直面するさまざまな問題を誰が、どのようにして解決しているのか。たとえば、政府の行政サービスは農村にまで行き届いているのか。

(3) 統治者である中国共産党中央と中央政府は、国内の農村をどう位置付けているのか。中国の政治体制は「権威主義体制」と呼ばれるが、その体制の維持にとり、農村社会はどのような働きをしているのだろうか。なぜ、村レベルにだけ競争的な選挙が展開しているのか。

(4) 私たち外国人による中国の農村調査はなぜ、しばしば「失敗」するのだろうか。統治者である中国共産党中央と中央政府、地方政府や農村基層幹部（村の役人たち）は、「外国」のことをどう考えているのか。

（5）現在、中国政府が進めている「新型都市化政策」は、農村社会にとりどんな意味をもつのだろうか。それは今後、大都市に人口が集中し、農村が消滅していくことを意味するのだろうか。

以上の問いは大まかに、第1章〜第5章に対応している。

なお、現地の人々のプライバシー保護のため、本書での人名および県（中国に2000ほどある行政単位で、日本の県よりも小さい）以下の地名は仮名を使用していることを最初にお断りしておく。したがって、村の名前も仮名となる。目次後の地図は、本書に登場する主な調査地の位置を示している。

目次

第3章　なぜ村だけに競争選挙があるのか？——農村をめぐる政治……143

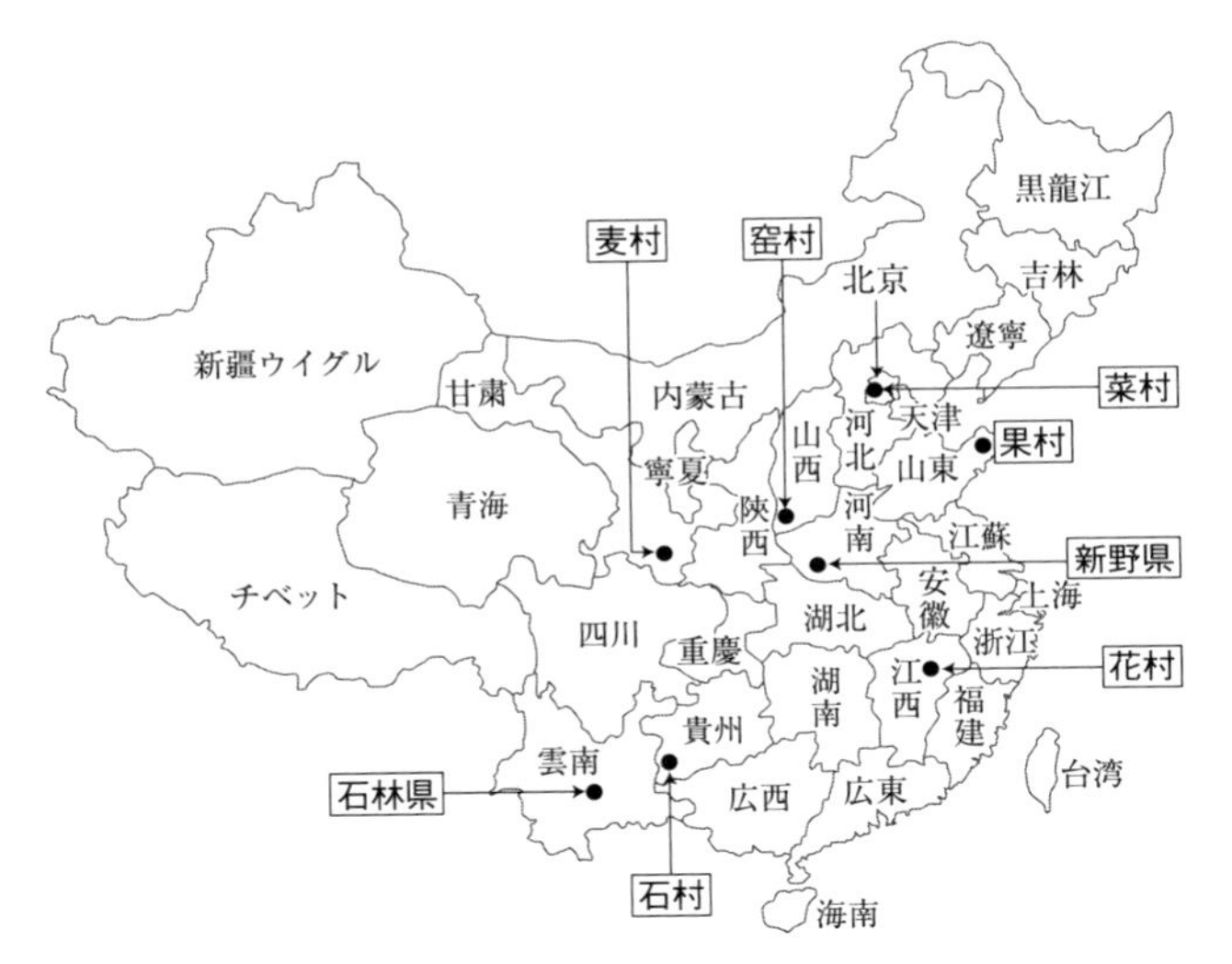
黒龍江
吉林
遼寧
北京
天津
河北
山西
内蒙古
新疆ウイグル
甘粛
寧夏
青海
陝西
河南
山東
江蘇
上海
安徽
浙江
湖北
チベット
四川
重慶
湖南
江西
福建
貴州
雲南
広西
広東
台湾
海南
麦村
窑村
菜村
果村
新野県
花村
石林県
石村

注）□は筆者の主な調査地

序章　中国農村の軌跡

この序章では、本書全体の問いに踏み込む前段階として、中国農村の辿ってきた歴史的背景を、できるだけ簡単に確認しておきたい。「すべての歴史は現代史である」（B・クローチェ）とよくいわれる。以下にまとめることも、すべて21世紀現在の中国農村・農民を理解するのに必要な事柄である。

1　紀元前から改革開放まで

封建制から郡県制へ

中国の社会統治の歩みは、西欧や日本のそれとは大きく異なっている。それは、司馬遷（しばせん）の『史記』にも描かれている春秋戦国時代、すなわち紀元前3世紀頃までで、いわゆる「封建制」が終焉（しゅうえん）を迎えていることである。封建制とは、天子・皇帝・国王などが、その直轄領以外の土地を封土として諸侯に領有させる制度で、中央からみれば分権的・間接的な統治形態である。

中国で封建制の時代とされた時期、諸侯に与えられた封土とは、実質的には「邑（ゆう）」と呼ばれる、城郭に囲まれた農業都市であり、その内部に住む市民・農民が諸侯によって保有されていた。諸国は点と点の間が線で結ばれるようなもので、まだ領域をもつ国家とはなっていなかった。春秋時代から戦国時代にかけ、農業都市の城壁の外部に住む農民も増加し、従来の都市国家は領域をもつ国家に変貌していく。都市のみならず、農村・農民を統治することも必要になった。

秦（しん）の始皇帝（しこうてい）が黄河の中下流域を中心とするエリアを統一した後の秦・漢帝国の時代（紀元前221〜紀元220年）には、封建制はすっかり後退し、中央集権的な「郡県制」が主たる統治形態になっていた。封土を与えられた領主などを介することなく、皇帝が直接、民に向き合う「一君万民」的な統治体制が形成された。こうした封建制からの転換が2000年ほど前に起こっていたのである。欧州では13世紀頃まで、日本ではわずか150年前の江戸時代まで封建制が存在したのと大きく異なっている。中国社会は、封建制からの距離が遠いということになる。

郡県制では、「天」の意思を代表した皇帝が頂点に立ち、バラバラの民に向き合い統治する形になる。もちろん、皇帝一人が無数の民を統治するのは不可能なので、皇帝によって各地に派遣された官僚が皇帝を代行する形で、農民を含む民を統治していくことになる。

唐代（６１８〜９０７年）頃までの官僚は世襲的な貴族によって構成されていたが、宋代（９６０〜１２７９年）の期間に官吏登用試験として科挙が整備され、古典の教養を積んだ読書人（「士大夫」）が官を形成する体制となった。実力さえあれば誰でも「官」になれ、社会的上昇を遂げられる建前があることになる。封建制のみならず、身分制までもが解体したことは、後述する農民の家族主義に大きな影響を与えることになった。

天は高く皇帝は遠い

官僚が派遣されてくる最末端単位こそが、「県」である。官僚は「県城」と呼ばれる、城壁で囲まれた小都市に住み、その周辺に広がる農村を統治した。こうして、「県城」vs.「農村」が農村統治の基本構図となった。

帝政中国における農村統治は、基本的にはとても緩やかなものであったと考えて差し支えない。政府の側とすれば、適度に徴税が行われ治安が保たれていれば問題はなかった。唐代以来の両税法では、戸（世帯）を単位として農民を編成し、夏秋の徴税や徭役（ようえき）（公民に賦課した労役）の義務を負わせた。それが明代（1368〜1644年）の後半以降、徴税の方法が、両税法から「一条鞭法」による銀納に変化する。それに伴い、徴税の責任は県衙門（役所）に負わされるようになった。

　これを契機に、農民は県より上の政府に納税や徭役の形で直に接する必要がなくなった。同時に県城を取り囲む農村部では人口も増加し、城壁をもたない商業中心地である「鎮」や定期市の立つ村々が増加した。にもかかわらず、官僚の派遣されてくる政治都市である県城の数はほとんど増えなかった。ここから、農民の生活からみて、国家の統治ははるか遠くに離れた感覚が生まれた。「天は高く皇帝は遠い」（天高皇帝遠）という言い回しがそれを表現している。政府の役人（官）との接触は日常的ではなく、農民はできる限りこれを忌避した。

　ここから、皇帝、専制君主を戴きながらも、中国農民には思いのほか「自由」な一面が生まれた。それは早くから封建制、身分制を脱していたことにもかかわる。清末から民国の思想家、章炳麟（1869〜1936年）は、20世紀初頭、立憲制・議会制導入に反対する文脈で、この自由さを、中国の唯一の長所として指摘していた。

「封建時代から遠ければ、民は皆平等であり、封建時代から近ければ、民に貴族と庶民の身分がある。立憲制を模倣して民に貴族と庶民の身分を生ずるよりは、王者一人が上で政権を掌握し、制度が粗放で監視が行きとどかず、民が長生きできる方がよい。／思うに中国にはその他の長所はない（『章炳麟集』）」

　自由であれば、社会的上昇ができるかどうかは自分の努力次第であるし、万一のときは自己責任、あるいはせいぜい、血縁に頼るしかない。革命前の中国農民の生活態度については、多くの観察者がその質素倹約の精神や勤勉さ、忍耐強さなどについて驚嘆している。たとえば食生活につき、農業経済学者の阿部矢二は次のように述べている。

「支那料理に豚と脂油はつきものだが、そんな料理を食って脂ぎっているのは上層の少人数だけのこと。小農あたりは生涯豚肉の細片さえ口にし得ない暮し向きである。麦粥さえも例外的贅沢な御馳走なのである。高粱と粟が常食の北支那山西でも、この常食さえ食えず、南瓜や燕麦が常時的に代用されるという。山東では一生のうち米を喰ったという人間は非常に少ないという（『支那の農民生活』）」

革命と集団所有制

　19世紀、中国は西洋との接触を余儀なくされ、1895年には日清戦争で敗北、1901年には義和団事件の賠償金を負わされた。清朝政府は富国強兵、近代化政策の必要を痛感した。近代化や軍備のためには、国家はそれまで以上に徴税や徴兵に力を入れざるを得ない。前述のとおり日本や西洋にならって、立憲制や議会の開設をはじめとする政治制度の改革も試みられた。

いっぽうで清末から中華民国期（20世紀の前半）は、社会が非常に流動的かつ不安定であり、治安もみだれ、農村の荒廃が進んだ時期であった。中国共産党は農村内部に生じていた格差、怨嗟（えんさ）や対立をうまく捉えることで農民の動員に成功し、中国革命を成功に導いた。その意味で、中国の革命は「農村が都市を包囲する」革命だったとされる。

農村内格差は端的には、農地の保有量に現れていた。人民共和国の成立前、農村内で土地を多く保有する者もいれば、全く保有しない者もおり、階層構造は凸凹だった。その階層状況が変化したのが1950年代初頭である。政権を奪取したばかりの共産党により土地改革が行われ、農民を「階級闘争」に動員した。土地を多く所有しており、自分の労働により生活していなかった地主階級の畑や田圃（たんぼ）、家畜や農具、家屋を取り上げて、下層の貧農や雇農（このう）に分配していった。これにより、土地所有は、それ以前よりもかなり平均化された。この段階では、土地はまだ私有制である。

その後、いったんバラバラの小農となった農家は、互助組（ごじょぐみ）→初級合作社（がっさくしゃ）→高級合作社の順にまとめ上げられていく。1955年前後に成立した高級合作社では、農家の土地や農具、家畜はすべて集約され、「みんなのもの」すなわち集団所有制の土地になった。せっかく、手にした土地をまた手放すのは、農民にとってはやりきれないことだったろうが、大衆運動に動員される形で合作社への加入が進められたので、現場では「バスに乗り遅れるな」という集団心理が働くことになった。これは中国の農村にとってはとても大きな出来事で、農村の集団所有制自体は21世紀の現在でも維持されているのである。

１９５９年以降、それまでの高級合作社を複数個、合併させ、人民公社が全国的に成立した。人民公社は大規模な経営体であり、地域の行政組織でもある。その意味で、日本でいえば農協と町役場を合わせたものに近かった。行政組織としては（人民）公社、（生産）大隊、生産隊の三つのレベルがあり、公社制度が再調整を経た後の１９６１年以降でいえば、それぞれの規模としては、公社が２０００～３０００戸、大隊が２００～３００戸、生産隊が20～30戸程度で落ち着いた。

飢餓の記憶

さて、飛躍的な農業・工業の増産を目指して１９５８年から始められた大躍進運動は、結果的に大失敗に帰した。増産を装って農産物を過剰に上納せざるを得なくなったため、餓死や「不正常な死亡」を含め、１９６０年を中心に全国で２０００万とも３０００万ともいわれる死者を出した。亡くなったのは基本的に、農民である。全国の農村部の基本的行政単位である県の数を約２０００と考えると、１県当たり平均して１万人以上が亡くなったことになる。当時の平均的な県の規模は20～30万人だろうから、20人に1人が亡くなったと考えられる。

中国西北部に位置する甘粛省は、全国でも飢餓が深刻であった地域とされる。以下に、筆者の調査地である西和県内に位置する馬荘村での、村支部書記への聞き取り結果を紹介しよう。

1958年、同地で土法高炉による製鉄所と大食堂が設立された際、各家庭は自家用の食糧を手元に残しておくことは許されなかった。なお「土法」とは、先端的な外来技術でなく、ローカルな在来技術を意味するが、それだけに失敗も多く、自宅の鍋や窯を熔かして使い物にならない鉄を生産した事例も多い。

馬荘村が所属した人民公社では、各家庭から余剰食糧をすべて取り上げようとした。人々はなんとかして食糧を隠そうとした。ある者は家の壁のなかに、別の者は墓地に隠したが、最後には発見され、すべて没収されてしまった。

この村では1959年3月に大雨で洪水が起こり、山上の土砂や樹木などが押し流され、河口を塞ぐ形となった。このため水位が急上昇し、一晩のうちに99人の村民が溺死する惨事が起こっていた。洪水発生後、政府と村民は、この村の地形が居住に適してないことに気付き、ダム建設を行うとともに人々の高地への移住が始まった。ダムは1960年に着工し、

63年に竣工した。それに伴い、元の住民は三つの新しい集落に移住した。

　前述のとおり、1960年は全国で大規模な飢餓が発生した年であり、このダムの建設も飢餓状態にある現地の人たちの労働力を用いることができず、代わりに外部から労働者の派遣を受け、食糧も保証したうえで行われた。いっぽうで当地の人民公社社員（農民）に割り当てられたのは、1人1日当たり3両（150グラム）の食糧だけだった。あるとき腹を空かせた社員がダム工事の労働者の食糧を盗んで食べたが、あまりに焦ってかき込んだため、胃のなかで食料が膨張し、死亡に至ったという。

　飢餓の時期にあっても、生産大隊では、次の年の種籾を確保するため、人々による盗難を防ぐ必要があった。そこで種籾を糞便に混ぜ込んで保管しようとしたが、それでも無駄で、やはり食糧が盗まれてしまった。

　子供の数の多い一部の家庭では、手元の食糧をすべて子供に与えたために、家庭内の大人が全員餓死した場合もあった。体力の残っている大隊の幹部が、これらの大人の遺体を埋葬したという。孤児となった子供たちは、親戚の養子として引き取られた。

　のちの1980年、筆者が聞き取りした書記が村の記録係をしていたとき、村の老人と一緒に1960年当時の死者数を統計してみたという。当時、馬荘村（集落）は30世帯、160数人の規模であったが、そのうち33人が餓死していた。つまり、この村では5人に1人が死亡したのである。

都市と農村の二元構造

前の事例からもわかるように、人民公社制度の役割の一つは、農民を農村から逃がさない、という点にあった。中華民国期までであれば、飢餓が発生した際、農民は食糧を求め外地に流れていくこと（逃荒）ができた。ところが人民公社システムでは、民兵を組織し検問を行うなど人口の移動を厳しくコントロールしたために、これほど多くの餓死者が出たのである。

人民公社システムを脇から支えたのが、1958年に導入されていた戸籍制度である。「農業戸籍」をもつ農民が用事で都市に出かける際にも公社幹部の紹介状が必要で、食糧配給切符（糧票）がなければお金があっても食料が買えず、ましてや都市での住宅なども配分されない。つまり農民が仮に都市に逃げ込んだとしても、生きてゆけないシステムになっていた。いっぽう都市の方は「単位」（職場や所属先を意味する）システムで、政府機関、工場、学校などで構成され、政府の直接的管理と手厚い保護のもとに置かれていた。

究極的には、人民公社とは全国の農村から資金と商品化食糧を効率よく収奪するための組織だった。商品化食糧とは農村で自家消費される以外の米、小麦などの穀物や、豆類、芋類など政府が掌握して都市民に配分する食糧で、その掌握量が工業化の速度を決定づける。農村部からの余剰を用いて、重工業化と軍備のための資本蓄積を最大限に行うというのが、当時の国家目標だった。これが、都市と農村の二元構造が形成された背景である。

総じて、都市人口増大にたいする中国政府の警戒心は相当なものだった。1960年代から70年代を中心とする毛沢東（もうたくとう）時代を通じて、都市人口は全体の20％以内、農村人口は80％以上にコントロールされていた。まだ戸籍制度が完備されていなかった1950年代を通じて農村から都市に流入してしまった人口は、1961年以降、故郷に追い返すような措置もとられた。文化大革命（1966〜76年）の時期には「下放（かほう）」という形で2000万人ほどの都市の若者が農村に送り込まれたりもした。

人民公社解体と農地分配

さて、1980年代初頭、中国全土の農村で人民公社は解体されていく。このときに、「みんなの土地」だった農地を、所有権は集団に残したままで、使用権だけを各世帯に分配した。そのやり方は非常に平均主義的で、家族の人数に応じ、その村の戸籍をもつ村民全員に配分するというものだった。村あるいは集落の全耕地面積を村民あるいは集落住民の人口で除して、たとえば1人1畝（ムー）（1畝は約6・7アール）となった場合は、3人世帯であれば3畝、5人世帯なら5畝という形で分配を行った。つまり、革命前は凸凹だった村内の土地所有レベルは、1960年代、70年代の私的な農家経営自体が消滅した時代を経て、1980年代初頭にはいわば「リセット」される形で平等分配されたことになる。中国農村の改革は、いわば「どんぐりの背比べ」状態からの再スタートになった。

筆者の調査地である江西省の花村（以下、「江西花村」）の例をみよう。人民公社時期、四つの生産隊で構成されていた花村の中心集落でも、公社解体直後の1981年、集落の全耕地面積である490畝の使用権を各世帯に人口割で平等に分配している。全国的措置に従い、所有権は集落全体すなわち「集団」に残された。世帯の人数は時間の経過とともに、嫁が来たり、子供が生まれたり、死者が出たりと変動するので、1996年に第2回目の分配すなわち再調整が行われた。このときは人口1人当たり1・5畝で耕地が分配された。

たとえば筆者の研究協力者の赫常青の叔父の家では、10畝の耕地を経営している。そのうち6畝は1996年に4人家族に分配された際のものである。その他の4畝ほどは、都市に出てしまった常青と、すでに亡くなったその父親に分配された耕地である。常青の母に分配されたものは現在、2番目の叔父が耕している。

人民公社の体制を支える社会主義の基本的発想は、農村内部の平等・公平という点にあった。農地使用権の均分は、公社時代に人々の頭のなかに醸成されたこの発想が、物理的な表現を得たものに違いない。行政村（もともとの生産大隊）を単位とするか、あるいは集落（生産隊）を単位とするかという点の地域差こそあれ、ある「集団」内部の絶対的平等という発想は、全国の農村に共通している。

ともあれ、この措置により、中国全土で、大量の小農民の群れが誕生した。中国の農民にとって、改革開放の時代は、「よーい、ドン」で幕を開けたのである。村民みんなが同じスタート・ラインから走り出すので、豊かになれるかどうかは、才覚次第ということになる。ここにも、競争意識が生まれる素地がある。１９９０年代の前半頃までに、村民のなかでも特に先見の明があり、外の世界につながりをもつ一部の村民が、出稼ぎによる成功を収め始めていた。

2　農村の制度配置

農村のフォーマル制度

ここで、本書全体にかかわる、現在の中国農村のフォーマル制度について概観しておこう。図０-１を参照してみれば、中国において中央にたいする「地方」といった場合、「省レベル」から末端の「サブ基層レベル」まで、六つものレベルを想定できる。中国は奥行きの深い社会であるから、行政の階梯（かいてい）も多いのである。

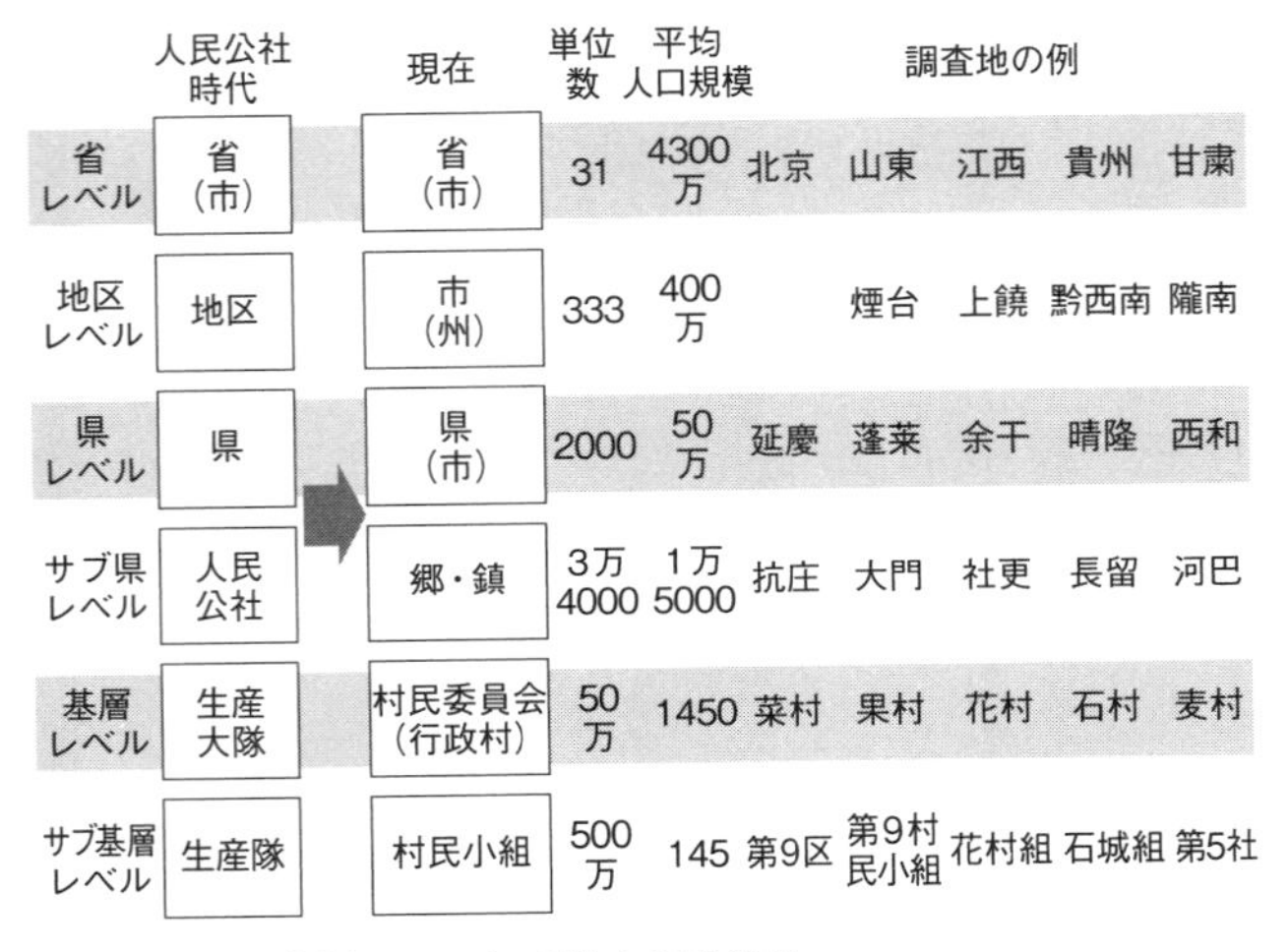

図0-1　中国農村にかかわる地方行政単位
注）単位数、人口規模は2010年前後を基準とした概数となる
出所）筆者作成

農村社会を理解する場合、特に県レベル、サブ県レベル、基層レベル、そしてサブ基層レベルの四つの末端行政単位を念頭に置いておく必要がある。

まず県レベルである。中国の県は日本の県とは異なる。日本の都道府県は中央政府のすぐ下にあるが、中国の県は1級下ではなく、省レベル、市（地区）レベルにつぐ、中央政府から数えて4番目の階層に位置する行政単位になる。その意味で社会の末端にかなり近い。一般的な県域社会の人口規模は大雑把に平均して50万人程度である。県の中心には小都市としての県城があり、そこに置かれた県政府が、郷政府や鎮政府を通じて域内300ほどの村を管轄している。簡便に定義すれば、県とは「都市と農村の双方を含む最もコンパクトな地域社会」である。

次に、サブ県レベル以下である。すでにみたとおり、1960年代、70年代には県城の周りの農村は人民公社（サブ県）、生産大隊（基層）、生産隊（サブ基層）の三つのレベルに組織されていた。1980年代初頭に人民公社が解体された後、人民公社は郷・鎮に、生産大隊は村民委員会に、生産隊は村民小組（しょうそ）に、それぞれ再編された。

基層レベルには、地縁組織である行政村（＝村民委員会）が存在し続けている。それは広大な中国の基層社会を地方行政単位に、さらには中央政府に接続する統治の枠組みとしてである。インフォーマルに存在するコミュニティを、フォーマルな上位の政体に結びつけるためといってよい。

社会学的な特徴からみれば、基層レベルは、ほぼ「顔見知り社会」とも呼べる規模のコミュニティに対応する。2005年現在の全国行政村の平均規模は、394戸、1483人、2016年では386戸、1431人であった。

さらに小規模なサブ基層レベル、「生産隊」や「村民小組」などの組織が置かれたレベルは、「顔馴染み社会」と呼ぶべきコミュニティに対応していると考えてよい。

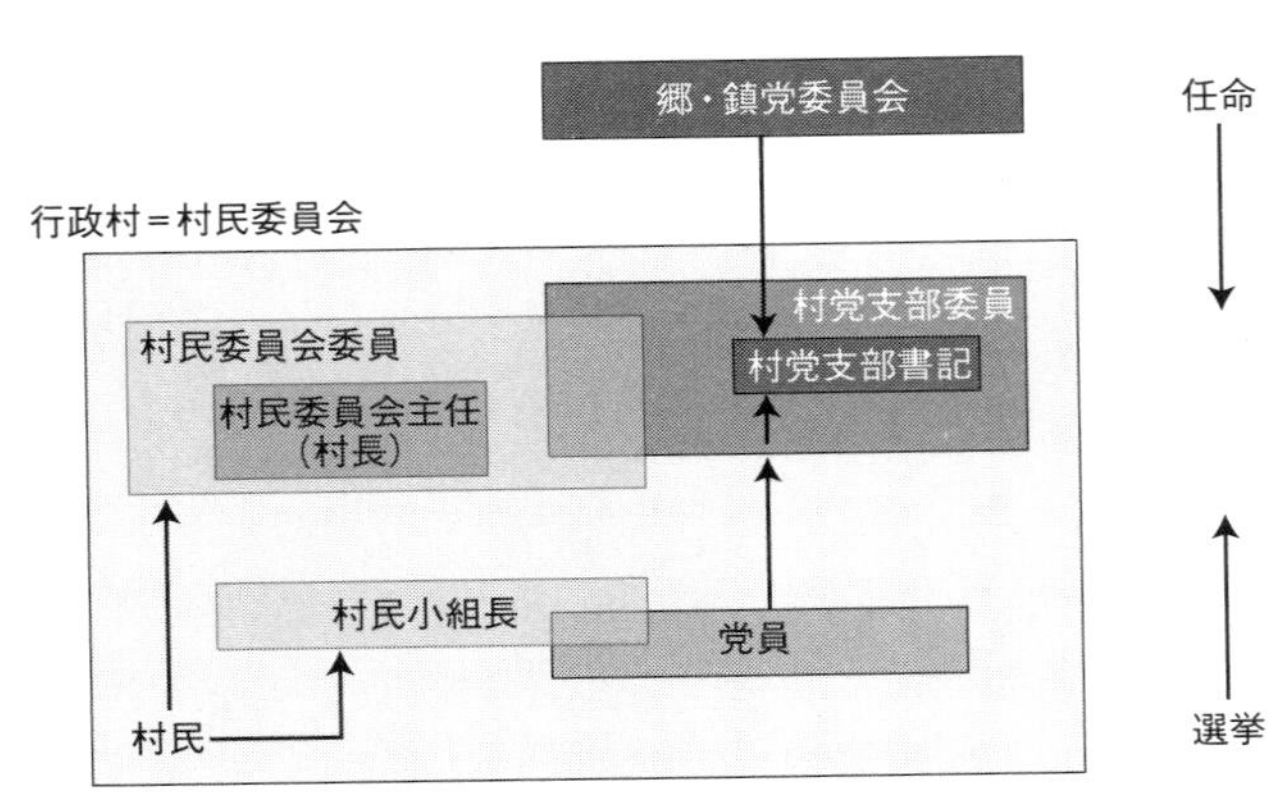

図0-2　村のフォーマル組織
出所）筆者作成

農村の党組織と行政組織

以下、この「行政村」を取り上げ、図を用いて村のフォーマル組織について要点を説明しよう（図0-2）。ここでは、村民委員会と共産党支部委員会の二つの組織を理解する必要がある。

第一に、村民委員会は1982年憲法の111条にも規定された農村の住民組織である。人民公社が解体されたのち、もともとの生産大隊であった範囲の、組織的な空白を埋める意味で導入された。その成立の法的な根拠は、1987年に「試行」され、1998年に正式採択された「村民委員会組織法」である。2010年には改正を経ている。それによれば、村民委員会とは「村民が自己管理、自己教育、自己服務を行うための基層大衆組織であり、村の公共事務と公益事業の実施、村民の間の揉め事の調停、社会治安の維持、人民政府に向けての村民の意見・要求の提出と建議を行うもの」である。村民委員会は、3年に1度、村民による直接選挙を実施していたが、あまりに交代が頻繁である点が問題視され、2019年からは5年任期に延長された。選挙を通じ、村の規模に応じ3〜7人の委員を選出する。村主任、副主任、その他委員からなる。

第二に、共産党支部委員会である。通常、一つの行政村の範囲には、数十人の共産党員がいる。これら共産党員の間で、数人からなる党支部委員を選出する。前述の村民委員会委員と並び、数人の党支部委員も同様に「村幹部」すなわちリーダーとみなされる。さらに、党支部委員の互選により党支部書記が選ばれる。そのあとで、郷・鎮の党委員会により任命を受ける形となる。村党支部書記は、村民の直接選挙で選ばれる村民委員会主任よりも権威が大きいと目され、実質的には村のナンバー・ワンである。

以上、二つのフォーマル組織のリーダーたちを、村レベルの「基層幹部」と呼んでよい。基層幹部は、その正式な身分ゆえに、上のレベルの政府部門と村とを結びつけるパイプの役割を果たす。

財政制度

日本の地方自治体が、都道府県民税や市区町村民税など独自の税源を保有するのと対照的に、中国の「村」には独自の課税・徴税権がなく、その意味でフォーマルな「財政」をもたない。また2006年より以前は、日本の「地方交付税」に相当するような、財政力の弱い自治体に配慮した財政再配分措置も存在せず、村の運営費はほぼ「自力更生」で賄われてきた。

村は末端において国家の計画生育管理を代行したり、あるいは、後述のとおり国家の手の届かない小規模なインフラ整備を行ったりと、実際には多くの仕事を担わされてきた。仕事をするには資金が必要で、ここから村には収入と支出が発生する。だが、それは実際の必要から「事実上」存在しているのであって、あくまで国家の財政制度の枠外に位置するものである。当然ながら、地域ごと、村ごとにみた「財政」規模の格差は非常に大きくなる。「社隊企業」と呼ばれる農村の企業体をもっていた豊かな沿海部農村では、これら農民の負担を村が肩代わりすることができた。しかし、中部・西部の一般的な農村では教育やインフラなどの公共的な投資を、自分たち自身で支えねばならなかった。

筆者の主な調査地でも、2000年代、山東省の果村（以下、「山東果村」）、北京市の菜村（以下、「北京菜村」）は毎年、数十万元規模の集団収入があったのにたいし、その他の3村（花村、麦村、石村）は、これがほぼゼロに近かった。2006年以降は政府資金が村に入り始め、内陸農村は公共建設・公共サービスの実施において政府資金に依存することが多くなっている。

全国的なデータが手に入る直近の村集団の収入についてみると、２０１５年度には調査の対象となった村平均で約２５０万元（約５０００万円）の収入が得られている。その内訳で主なものをみると、村集団の経営による収入が71万元ほど（28％）、村の集団財産をリースして得られる収入が31万元ほど（12％）、上級政府からの財政移転によるものが50万元ほど（20％）となっている。しかし、これらの政府資金も自動的に農村に引き込まれるのではなく、そこにはフォーマルな制度の枠内に止まらない、多様なアクターによる人間関係の利用など、創意工夫が働く余地が存在している点にも注意したい。

次に支出についてみると、２０１５年の１村平均の支出額は１５７万元（約３１００万円）ほどであり、内訳として多いものは公益事業支出の52万元（33％）ほど、幹部の給料などを含む行政管理費支出が30万元ほど（19％）となっている。

ポスト税費時代の到来

人民公社が解体された１９８０年代初頭以降から２００５年までの時期は、農業諸税と各種費用が取り立てられたことから「税費時代」と呼ばれる。人民公社時代の食糧供出任務は「集団」、つまり「みんな」にたいして賦課(ふか)されていたので農民はこれに直接的な痛みは感じなかった。

これが公社解体後は、国家の農業税や、農業税に付加して徴収されていたさまざまな「費用」が、戸別農家を対象に課されるようになった。徴税に直接、携わった基層幹部と農民の衝突などに鑑み、2000年前後、中央政府は「税費改革」を進めつつあった。

ところが2005年の終わりに記念すべき「事件」があった。「税費」が全面廃止になったのである。大袈裟にいえば、秦の始皇帝以来、農民世帯に課されてきた税がいっさい徴収されなくなった。それまでは農村から都市に向けて税の形で資源が吸い上げられていたのが、2006年を境に、政府は農民優遇政策としてさまざまな補助金や社会政策の形で資金を分配するようになってきた。つまり、都市─農村間の大きな資源の流れがそれまでとは逆になったのが、2006年だった。

「ポスト税費時代」の到来である。中国政府は、それまで犠牲にされてきた農村を優遇していく姿勢を鮮明にした。都市と農村の格差の問題は「三農（農業・農村・農民）問題」としてフレーミングされ、その解決は政府の最優先課題と目されるようになった。

そうしたなかで、当初は半信半疑だった農民たちも、「もらえるものはもらえるだけもらっておく」、ひいては公共的な事業において「他人が譲らないなら自分も譲らない」というメンタリティーを発達させた。

なお、のちにみていくように、こうした主張をする際の行動選択の基準は農村内の身近な人々であって、遠くにいる都市市民などではなかったのが、中国農村の特徴である。

新型都市化政策の時代

2012年、習近平時代は「反腐敗」の旗印とともに幕を開けた。農村の周辺でも地方幹部と企業家の癒着は批判の対象となった。卑近な例でいえば、2000年代、たいていの町の郊外には「農家楽」と呼ばれる農村レストランがあり、企業家や幹部の宴会で大繁盛していた。ところが「反腐敗」運動のおかげで、こうした宴会も、なりを潜めるようになっている。農家楽の経営者にとっては一時的に収入減となっただろうが、一般の農民は、「腐敗した幹部」が打倒される動きを目の当たりにし、溜飲を下げた。

政策の目玉として「新型都市化」政策が喧伝されるようになってきたのも2012年以降である。それまでの農村優遇政策は、農村を農村としてそこに資源を投入する、という発想だったが、新型都市化では、地方の小都市に若い世代の農民を引き付け、新しい市民として旧市民に融合させていくことを狙いとしている。こうした動きは、今、まさに進行中である。

以上、中国農村の今を理解するために必要な歴史的展開に限って、駆け足でみてきた。次章以降では、「まえがき」に掲げた五つの疑問に順を追って答えていきたい。

第1章　市民との格差は問題か？——農民の思考様式

21世紀現在の中国の農民とは、いったいどういう人々なのか？　本章ではまず、序章で概観してきた農民の歴史も踏まえつつ、この第一の問いに答えていきたい。

1　家族主義の精神

革命前の中国（農村）社会の特徴について、多くの論者が「家族主義」の存在について指摘している。「家族主義」は、農村家族において、よりわかりやすい形で現れる。

たとえば社会学者で『南支那の村落生活』の著者、D・H・カルプは「家族は審判の基礎であり、判断の標識である」と述べる。また、東洋史学者の旗田巍（はただたかし）は、「家族主義は中国社会の全般に機能する原理であり、それを除外しては中国社会は成立しない（中略）その家族主義は強さと同時に狭さをもち、社会集団に孤立的性格をもたせる（旗田『中国村落と共同体理論』）」としている。

「竹の節」と「木の根っこ」

注意すべきは、旗田が「強さと同時に狭さを」もつと述べているように、中国の「家」の構造やニュアンスは、日本とは異なっていることである。もしも現代的な都市中産階級の核家族のイメージで捉えてしまうと、日中の家族のあり方は大差のないものと映るかもしれない。しかし、たとえば戦前の日本農村と、革命前の中国農村の家族を想像力を膨らませつつ比較してみると、差異は明白である。

日本の伝統的な家族では、家というのは団体であり、喩えるなら「竹」のようなものである。竹の内部にいる者が、家族のメンバーシップをもつことになる。節による区切りは世代と考えればよい。社会学者、有賀喜左衛門（あるがきざえもん）の岩手県の大家族の研究（『大家族制度と名子制度』）に示されたとおり、そこでは血縁関係にない奉公人までも、「斎藤家」という竹の内部に住んでいれば、家族のメンバーとみなされる。つまり、一本の竹の内部空間という「場」を共有していれば、それが家族なのである。家々は一つの「場」を形成するので、村のなかでの屋敷の空間的な位置は先祖代々、固定されていて、そう簡単には移動しない。

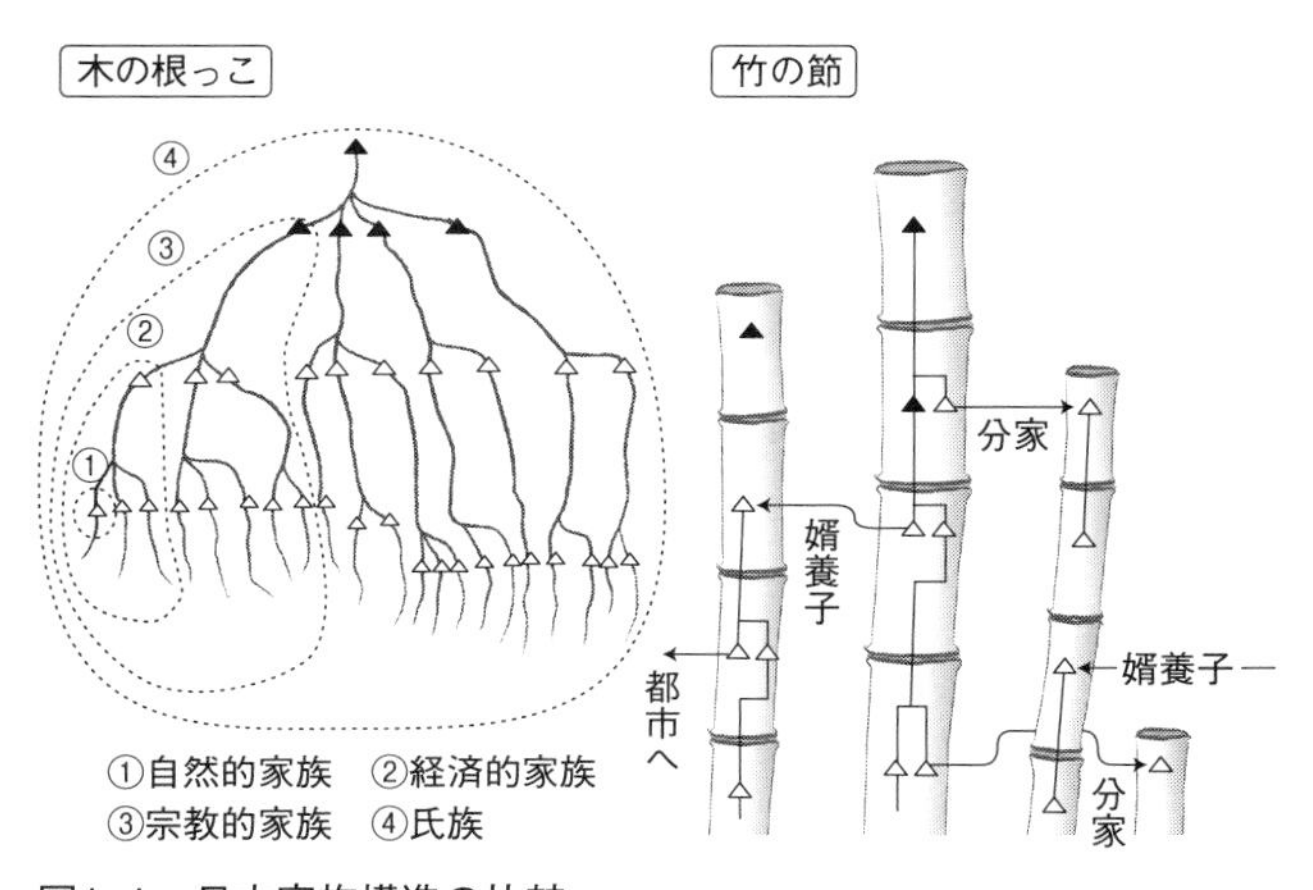

図1-1　日中家族構造の比較
注）簡略化のため、男性成員のみ示した。△は存命者、▲は死者を指す
出所）筆者作成

中国の家の、日本のイエとの最大の違いは、先祖から子孫に向かう「血の流れ」を第一にみることである。つまり、同じ血が流れていない者は家族のメンバーにはなれない。中国の「家」は、枝分かれしつつ地下に向かってどんどん伸びていく樹木の「根」に喩えられる。そこには日本のような、「家」という団体が存在しておらず、家族にとって大事なのは毛根のような血の流れ、父系血縁でつながっていることである。個人というものは、次々に枝分かれする樹根のどの位置にいるかによって他の家族成員との関係性が決まってくる（図１-１）。

この点は、結婚後の女性の位置にも現れる。周知のように、日本では嫁いできた女性はイエという「竹の節」のなかに入るとともに姓が変わる。これにたいし中国の女性は、嫁いできたからといって実家の先祖に連なる「血の流れ」が変わるわけではないので、姓も変わらない。姓は嫁ぎ先という「場」ではなく、あくまで自らのオリジンである血の流れを表している。

19世紀末に宣教師として山東省西北部の村に滞在したA・H・スミスは、すべての中国人の妻は、「或る他の家族から自ら好んで来たのではない。突然に、有無をいはさず彼女の夫の家族樹の上に野生の枝として接木されたものである」(『支那の村落生活』)と述べている。ここでいう家族樹は「根っこ」をひっくり返したものと考えればよい。「野生の枝として接木」されるとは、子供、特に男子をもうけ、血の流れを注いでいくためだけに必要とされる農村女性の立場を示している。女性は、男児の母親となり、血の流れの継承に貢献することで、初めて家庭内での地位を獲得する。

「分家」は名詞にあらず

伝統的な家産相続のあり方も顕著に異なっている。長子相続が主流であった日本では、「分家」という言葉は動詞としても名詞としても使われる。名詞の場合、「あの家は我が家の分家だ」のように「本家」から別れ出たものが「分家」である。ところが諸子均分相続の中国では「分家」という言葉は、動詞としてしか使えない。法制史学者の仁井田陞（にいだのぼる）が述べているとおり、「中国の家族分裂は本家から分家を分出するものではなくて、均等に分かれる意味での細胞分裂であり、等位の家が分立する関係に置かれる」（『中国の農村家族』）のである。

つまり、日本の場合、分家することの方が特別であり、分家にたいする本家の恩恵でもある。「分家を出してやる」「分家させてもらった」というように、本家の分家にたいする優位というのは変わらない。与えられる財産も本家の財産のごく一部である。だから新しく創設された竹は、そこから別れ出た古い竹よりも細く、短いのが基本である。

これにたいし、中国の分家行為は、兄弟間の徹底的な平等の関係が出発点になっている。親世代の財産は、兄弟の間で公平に分割される。こうして血の流れに沿って、細胞分裂が起こり、根っこのような構造が形成される。

伸縮自在な「家」

血の流れ、すなわち「根っこの分かれ目」をどこまで遡（さかのぼ）るかで、「家族」の範囲も伸縮自在に変わってくる。これを、①自然的家族（夫婦と子供）、②経済的家族（同居同財）、③宗教的家族（現実の共同祭祀の範囲）、④氏族（始祖まで遡った祭祀圏）の同心円の構造として理解することができる。

このように、家の範囲が「伸縮自在」であることの根本的な理由は、中国の社会のあり方が、自分を中心として徐々に外縁に広がっていくような社会関係で構成されているためだろう。特に漢人の作り出す家族そして社会というものは、社会学者・人類学者である費孝通（ひこうつう）の有名な説明にあるとおり、集団的ではなく自己中心的（ego-centric）な構造をもっている。「エゴ・セントリック」とは別に悪い意味でなく、自己がまず起点としてあり、父母、兄弟など近親者が一番近くに、次に親しい者がその外に、というように親疎に応じ徐々に、波紋状に外に広がっていくような社会の捉え方のことである。異なる個人はそれぞれ異なる「起点」をもつので、集団の境界は常に相対的で、安定しない。このような中国の「郷土社会」に対置される西洋そして日本の伝統社会では、個人や「イエ」がさまざまな契約に基づき集まって形成される「団体」の存在が構造の中心となる。

先祖を祀る

中国の家族主義の存続にとって、死者の葬儀や埋葬、祖先祭祀は非常に重要である。葬儀は死者に連なる共通の子孫によって挙行されるが、共通の先祖に遡って関係者が集まると、それが前述した「共同祭祀」となる。

ここで、実例として、筆者の調査地である甘粛省西和県の麦村（以下、「甘粛麦村」）で２０１０年に行われた葬儀と埋葬の事例を紹介しよう。

麦村村民、林根学の老母が８月５日に亡くなった。４日目の８月８日には関係者を招いた宴席が設けられ、正式の葬儀は８月10日に行われた。出稼ぎ中であった子女たちも20日間ほど休みをとり、実家に戻ってきている。

宴会の四角いテーブルは８人がけで、今回は80卓すなわち６４０人を招くことになる。伝統的三合院（中庭を囲んで三方に家屋がある）の中庭には、６卓しか置けないため、宴席は「ラウンド制」となる。毎日の10：00、15：00、17：00、22：00の入れ替え制で、まるまる３日間宴席が続く。非常に細かい分業体制のもとで葬儀の手伝いをするのは、全員同じ林姓の家族である。約40世帯がかかわる。

世帯主の林根学は故人の一人息子で、45歳くらい。かつては他の村民と同様、浙江省の杭州で出稼ぎをしていたが、２０１０年時点では自宅で農業のほか、タイル工事関係の仕事をしていた。

８月９日は出棺前の最後の儀式があった。こうした儀式に直接、参加するのはすべて男性家族員である。そのなかには実子の根学のほか、故人の夫の甥、故人の実家の兄弟の甥、娘婿、孫らが含まれていた。

葬儀では、家族は派手に泣かなければいけない。その泣き方は、伝統により決まっている。泣くときに発するセリフには、各々の気持ちを反映させることができる。故人の孫は20歳で、以前は杭州で両親と一緒に働いていたが、現在は父の考えに従って家に戻り、師匠から大工仕事を習っている。故人とは長く一緒に暮らし、親交が深かったため、儀式では他の子供たちが泣きマネをするなか、この青年だけは本気で号泣していた。儀式の最中、娘や嫁などの女性親族は霊柩（れいきゅう）の脇にひざまずいて泣き声を上げている。

すべての儀式を司り指示を出す者は、「礼賓」と呼ばれる。この人は一般の村民であり、師匠について儀礼の細かい部分を学んでいる。今回のように伝統的な格式を守った葬儀の場合にのみ、このような礼賓を招いて仕切ってもらうという。

出棺の前日の夜、いくつかの重要な儀式が行われた。一つは「三献礼」である。爆竹が鳴り響いた後、まず故人の孫二人が柳の枝でできた杖をつき、泣きながら、腰をかがめて歩き始める。「礼賓」と付き添いの者が孫たちを支えて一緒に歩く。「支えられて」歩くのは、もちろん、悲しみのあまり自力では歩けないことを示すためである。

霊柩が置いてある正面の部屋（正房）と中庭に置いてある儀式用の机の間を、ぐるぐると七度ほど往復する。孫が終わると次は息子たち（孝子）の番である。故人は実子が一人しかいないため、もう一人分の役割は故人の甥が担うことになる。孝子の担うべき儀式は非常に複雑であり、霊柩の前でぬかずき、一度回る度に供え物を霊柩の前に置いていく。甥の方は儀式の途中、暑さと疲れのために持ち堪えられなくなり、別の甥に交代して儀式を続けた。

さらに続く儀式として、孝行息子が扉に突進（孝子撞門）というものがある。「お母さん、いかないでください！」とばかりに息子が正面の部屋の扉のなかに飛び込む。しかし、息子の林根学があまりに激しく扉にタックルしたので、「ドーン」と大きな音がし、その場に居合わせた者たちからは大爆笑が起こる。5分ほどして、閉じられたドアの向こうから根学が無事「生還」。続いて紙銭を燃やす。

このように、中国農村の葬儀というのはそれ自体一つの形式であり、ある種の演劇性を帯びてもいる。儀礼が複雑になり、格式ばってくればくるほど、本音の部分からの乖離（かいり）も生じてくる。父系血縁に沿った「家族主義」という形式的な枠があり、そこからこぼれ落ちるさまざまな感情は、実際そこここに漂っている。しかし、基本的な「枠」さえ守れば、それ以外は存外に自由な側面がある。だから葬儀だからといって「厳粛に」やる必要はなく、賑やかに故人を送り出すのである。

出棺

翌8月10日の午前7時半、出棺が始まる。家族が村道に沿って歩くと、道の脇の住人たちは麦わらを燃やして道を示す。「指明灯」と呼ばれる。山を下って平地に降りてから、水の神を祈禱するための儀式が行われる。

麦村のような中国西部の農村では、市場経済の及ぶタイミングが遅かったため、伝統的な葬儀の形態がかなりの程度、保たれている。それは土葬の割合の高さにも表れている。中国沿海部の一部の農村では、政府の強制力もあり、火葬が浸透している。しかし麦村では、村民は現在でも、火葬はとてもよくないものだと考えている。

葬儀の日取りを決める者を「陰陽」といい、羅針盤を用いて土葬の場所を決める者を「地仙」という。地仙は村周辺の広い範囲のなかから風水のよい場所を選び出す。

この日、土葬が行われた場所は実は臨時の場所であり、仮の埋葬という意味合いで「寄墳」と呼ばれる。後日、陰陽と地仙が日取りと風水のいい場所を最終的に決定し、再埋葬することになっている。これを「遷墳」という。もっとも、一般的にはどこの家でも5世代程度の先祖が埋葬されている「老墳」と呼ばれる墓地をもっているので、毎度、風水師に頼って新しい場所を探す必要はない。また、もしも「寄墳」した場所で、その後の家族の運気が十分によいことがわかれば、遷墳せずに元の寄墳の場所に留まってもよい。

家族主義の究極的な願いは、子孫が富み、栄えること（発家致富）である。子孫が経済的に繁栄して、社会的上昇を遂げ、そしてできれば「官」となることを期待する。役人との接触は極力避けたがるのに、自分の家から役人を出すことは喜ばしいことなのである。

実際に子孫が繁栄するかどうか、ここには墓の「風水」の良し悪しが大きくかかわっている、と考えられている。「血の流れ」を重視する家族主義と、「気の流れ」に基づく風水とは基本的に同型であり、お互い、非常に親和的である。

万一、男児が生まれないなどの事情により、血の流れが途切れそうになると、男系の血縁関係にある子供、たとえば兄弟の息子を一人、養子として迎え入れる。このように、「血の流れを絶やさない」ことにたいする執念は非常に強い。「親不孝な行いには三つあるが、男子の子孫を残さないのが一番悪い」（不孝有三、無後為大）という考え方は普遍的である。

ある中国人留学生に聞いた話である。彼女の母方祖母の弟は山西（さんせい）省東南部の農村で村党支部委員会の書記（序章参照）を長く務めた人である。しかし、あるタイミングで書記を続けることを断念した。その理由は、彼には娘が二人いるだけで、男児を授かることができなかったからだという。つまり、男児がおらず、自分の血筋が絶えてしまうことは、彼の村書記としての「威信」にかかわることで、自らその職を辞すことを決断させるほどの重大事だったのである。

実のところ、中国農村の多くの地域では、「一人っ子政策」の時代にあっても、第二子まではなく「計画内出産」で、罰金の対象にはならないのが普通だった。が、二人とも女児で、どうしても男児がほしいために罰金覚悟で第三子を産む場合も多かった。当該の村支部書記は、自身が幹部であるので、国家の政策に違反して第三子をもうけることを躊躇（ちゅうちょ）したのだろう。

失望の眼差し

血の流れを絶やさないこと、そして現世における家の発展を期待する家族主義では、当然ながら、子供にたいする親の期待は非常に大きくなる。とりわけ、農村の経済が発展し「発家致富」が現実的に可能となり、今までより以上に、次世代に多くの教育投資を行うことが可能となった現在では、子世代への期待はさらに強まる。

「子世代への期待」を示す事例は無数にあるだろうが、筆者の記憶からは、山東省果村に住む「池（ち）老板」のことが思い出される。中国語の「老板（ラオバン）」という言葉は、経営者一般のことを指す。大会社でもよいし、家族単位の自営業でも構わないが、自分の意思で経営を切り盛りするトップのことを指す。

リンゴやブドウなど果物栽培を中心とする村で、池老板は大々的に農園を経営し、羽振りがよかった。果物の買い付けにくる流通業者などとも付き合いがあり、いろんな人を交えて、自宅や村の食堂で頻繁に宴会が開かれていた。そんな彼を冗談っぽく、親しみを込めて「池老板」と呼んでいた。

２０１１年5月の訪問の際も自宅に呼ばれた。宴会の開始を待っていたときのこと。池老板が、珍しく、少し気落ちしたようにため息をつきながら、１通の手紙を筆者に見せてくれた。それは彼の息子が父親に宛てたもの。前年度の大学入試の成績が思わしくなく、1年間の浪人を決意するまでに至る心の軌跡を記した長文の手紙であった。息子は高級中学（日本の高校に相当）に入学後、学業成績が振るわず、学年で下から十数番目と、低迷していたという。

「僕の成績をみたときの、お父さんの目をふっとよぎった失望の光が忘れられません……」というフレーズもあった。

父親を失望させてきたことにたいする申し訳なさ、自らの不甲斐なさにたいする謝罪とともに、父親から大きな心理的圧力を受けてきたことも告白している。孔子の出身地でもある山東省は、儒教的伝統が色濃く残っているといわれる。老板の息子の手紙の筆致からは、子の親にたいする「孝」の意識が感じられなくもない。

家族主義の根源

こうして家族主義は、「木の根っこ」のような血の流れを重視するがゆえに、その流れの末端に位置する、現に生きている家族メンバーに、子孫繁栄、「発家致富」の期待をかけ、さまざまな形で心理的作用を及ぼす。

「同じ血が流れている」という意識は、もちろん日本でもそれなりに重いものだ。しかし、家族が伝統的に経営体であり、竹型の入れ物であった日本では、「親子」であっても、そもそも血がつながっていない場合もしばしばあった。血がつながっていても、「子供には子供の人生がある」というように、子供が自分とは別人格であることを受け入れやすい素地があるように思う。少なくとも本人の意思を尊重する傾向はある。未婚や子供をもたない選択につき、親の世代が必ずしも心理的圧力をかけないのは、本書でいうところの「家族主義」が日本では存在しないからである。家業の経営にかかわらない次男や三男であれば、なおさら「自由」である。

中国（特に農村）では、血の流れが意識されるために、親と子供が肉体的にも、人格的にも切り離されていない。自分の子供のことを「自分の肉の一欠片」（自己身上的一塊肉）と表現する場合もある。子供にたいし、決して「自由に、自分らしく生きてほしい」とは考えない。子孫繁栄、そして「発家致富」の期待をかけるだろう。男女を問わず、少なくとも結婚しないという選択はありえない。

それでは、中国の農民が、地縁や共同体重視の日本と違って、血縁重視の家族主義になったのはなぜだろうか？　ヒントを与えてくれるのが、序章でまとめておいた中国（農村）の過去の経験である。

一つは、中国が長期的に、非常に流動性の高い社会であったことである。つまり、地縁的なつながりは恒久的ではなかった。安定的な地縁関係が失われた最後の最後に、それでも信頼に足るものとして、空間を超えてつながる根拠として、血縁が重視されるに至った。そのような事情があろう。

とりわけ、殷（いん）、周（しゅう）、春秋戦国（しゅんじゅうせんごく）、秦、漢（かん）に至るまでの古代中華文明の舞台であったのは、地形の真っ平らな華北平原である。「中原（ちゅうげん）」と呼ばれる地域であり、戦乱が起これば、身を隠すような山岳地帯もない。命からがら身一つで逃げまどうような極限状況で、安全保障の最後の拠り所になるのは、血縁だった。

もう一つ、流動性ということにも絡むが、中国では、封建制が早くに解体して中央集権的な郡県制へと移行する過程で、科挙制度が整備されたことを思い出してほしい。遅くとも1000年前の宋代までには、封建的な身分制に基づかない人材登用制度が整備され、いわば実力本位の社会が早くに出来上がった。そこでは個人が出発点となるので、身分の入れ物、

「竹の節」のようなイエは必要なかった。個人を中心として、状況に応じて家族を拡張したり、縮小したりすればよかった。対照的に150年前まで封建制と身分制が続いていた日本では、家名、家業、家産が一体となった経営体のようなものとして家族が捉えられやすかったのである。

2 家族経済戦略

「移住」ではなく「環流」

1990年代の終わり頃から2000年前後にかけ、いわゆる「農民工」が全国で出現した。内陸農村の津々浦々で、沿海部の大都市に向けての出稼ぎが普遍化し、大きな潮流となってきた。中国経済の高度成長が本格的に始まったことで、就業機会には事欠かない、売り手市場の状況が生まれた。農村では、家庭内で出稼ぎに行ける者が、行ける期間だけ都市に出て現金収入を得るスタイルが主流になった。

なぜ、大多数の家々の人々が出稼ぎに行ったのか？　日本でもかつて、高度成長期までは、農村から大都市圏への出稼ぎがみられたが、中国の内陸部のような「村民総出稼ぎ」は主流ではなかった。村のなかで、経営耕地面積が小さい農家の方で出稼ぎ経験が多く、開始時期も早かったといわれる。つまり、誰もが出稼ぎを必要としたわけではない。

序章でみた歴史的背景に家族主義の特徴を重ね合わせることで、この時期の中国農民の行動ロジックはかなりわかりやすくなる。このロジックを「家族経済戦略」（family economic strategy）と呼んでみよう。この戦略は、簡単にいえば、世帯のなかの世代間分業を通じて、安定の確保と利益の最大化を同時に追求しようとするものだ。

まず、家族のなかの親世代、50代～60代の人たちは、各世帯に均分された小さな農地を経営している。この農地経営の第一目標は家族の安全と生存の確保である。少なくとも小さな農地を耕して自分たちの食料さえ作っておけば飢え死にすることはない。

いっぽうで家族のなかの子世代、30代～40代は何をするかというと、基本的には大都市に出稼ぎに出る。田舎にいて遊んでいても仕方がないからである。小さな農地の経営は親世代がやれば十分なので、学校を卒業した後の子世代は余剰労働力となる。

こうしてみれば、農民工の大量発生と１９８０年前後の農地平均分配措置（序章）との間には、大変、深い関連性があることに気付く。つまり、誰もが実家の農村に平均的な規模の土地を保有するからこそ、安心して出稼ぎにいくことができたのである。しかも「どんぐりの背比べ」からのスタートなので、「誰がどこでいくら稼いだ」のような情報が溢れ返ると、村内の身近な他人と競い合う心理も生まれる。

同時に、「出稼ぎ」が出稼ぎたるゆえんは、その移動が永久的なものではなく、季節的な回帰性をもつ点にある。つまり、大都市に出ていって終わりではない。旧正月や農繁期、老親の世話、あるいは出稼ぎを続けて現金が貯まり、家を新築する際に自ら建築作業に参加する際など、あらゆる機会に出稼ぎ者は帰省する。しばらくしてから再び出稼ぎにいくか、あるいは実家に留まっているかの選択は非常にフレキシブルである。こうして、農民は大都市と農村の間をぐるぐると循環しているのである。恒久的な「移住」(migration)というよりは、人的な「環流」(circulation)の一部分と捉えた方がよい。

このような中国農民の強みは、2008年の世界金融危機で、都市の工場が操業停止や定員削減を行い、労働者が解雇された際にはっきり現れた。解雇された農民工は慌てることもなく、実家に帰って休息し、実家での農作業や用事をこなしつつ、淡々と次の出稼ぎに備え待機することができた。全体からみれば、世界金融危機は中国社会に何の混乱も生じさせなかった。

革命前の、現世主義に支えられた農民の家族主義については、その忍耐力、質素倹約、勤勉さなどが多くの外部の観察者によって指摘されていた。中国の「農民程の勤勉は何処にも比類がない」(スミス『支那の村落生活』)のである。この環流パターンの背後には、革命を経てもなお変化しない現世的な家族主義と、それに基づく家庭内労働力を「遊ばせない」という発想が透けてみえる。

外来戸として

筆者の調査地、江西花村の赫堂金（かくどうきん）はいかなる意味でも「エリート」ではない。正真正銘の中国農民だ。１９７８年生まれで学歴は小学校程度、改革開放のなかを出稼ぎと農業だけで生きてきた、ここでは、堂金のファミリー・ヒストリーを辿りながら、家族経済戦略の背後にある主観的な「思い」の部分にまで踏み込んでみたい。

堂金の家族は、遡ること曽祖父（そうそふ）の時代、余干県（よかんけん）の南に隣接する東郷県（とうごうけん）から移住してきた。曽祖父は花村へ直接やってきたのではなく、花村のある社更郷（しゃこうごう）に隣接する鄧敦郷（とうとんごう）の古年村（こねんそん）に移り住んだのである。

家族が移住を試みたのは、鄧敦郷は土地が豊富だったからだと思われる。東郷県では１人当たり耕地面積が０・７畝（５アール弱）ほどだったが、古年村では１人平均３畝（20アール強）ほどもあった。

古年村に移住後、一家は祖父の代に８００畝（50ヘクタール強）を保有する地主となった。だがありがちなことに、祖父は「大博打うち」でもあり、博打で財産をすってしまった。映画化もされた、現代中国の作家、余華（よか）の小説『活きる』（活着）の主人公、徐富貴（じょふき）と同様の運命である。小説と同様、博打での失敗が吉と出て、祖父も１９５０年代初頭の土地改革（序章）で「地主階級」に区分されることを免れた。

ちなみに、この祖父の弟は郷里で人望を集めた人で、公共事業を行うなどして尊敬された人物であった。筆者も一度、古年村を訪れたが、彼が私財を投じて作った石畳の村道が、現地にはまだかすかに残っている。

人民共和国建国後、１９５４年生まれの堂金の父は、小学校で３年間ほど就学した。貧乏で嫁を娶ることができなかったので、他家の婿になる形で、花村にやってきた。中国農村では「同姓不婚」が原則だが、花村集落の主たる姓は赫であり、たまたま婿入り先の姓と同じであった（本文では仮名を使用）。

姓はたまたま同じだったが、花村ではいずれにせよ余所者（外来戸）である。通常、外来戸が村で一定の尊敬と面子を勝ち得ることは難しい。父は１９８０年代初頭の農地再配分（序章）の際も、悪い田をあてがわれるなど、冷や飯を食わされたという。田植えの際、田圃に水を入れたのに、密かに放水されるなどの嫌がらせも受けた。

学校からの離脱

堂金の子供時代の１９８０年代、姉や妹も含め８人家族で、食べていくのもやっとの状態だった。堂金は10歳でようやく小学校に入ったが、家が貧乏だったため、3年生まで学んで、進級はできなくなった。

「モノを覚えるのが苦手なんや。国語なんて30点台をとったことがあるわ」と卑下する。

それで、学校にはいかなくなった。今の堂金の、ゆっくりとしつつも無駄のない身のこなしをみていると、彼が学校的な訓練で身体を規律化されていないことがよくわかる。「何時から何時までこれをする」というのではなしに、仕事単位で臨機応変に片付ける。学校による規律化は農村の生活リズムには馴染まない。

花村の周辺では堂金のように、小学校程度の学歴しかもたない同年代の大人が少なくない。近隣集落出身の堂金の妻の場合、子供の頃、1年も修学した経験がなく、おかげで今でも非識字者である。のちに広東で出稼ぎしようとした際、そもそも字が読めないので就業のために必要だった試験が受けられなかったという。

そのいっぽうで、妻の弟の方は大学まで卒業して、県城の医院の麻酔化の医師として働いている。家庭のあらゆる資源を弟に重点投入した結果、姉と弟の間で大変な教育格差が生まれたのだが、そのおかげで身を立てることのできた弟には、いざというときに一族を援助する「道徳的義務」がある。たとえば堂金の母親は2005年前後に子宮ガンを早期発見して手術をし、助かった。手術自体には1万7000元（約34万円）ほどかかってしまったが、義弟のコネクションを使って、その後の検査費用は無料にしてもらっている。

堂金は小学校を中退してからも、しばらくは家で農業をやり、17歳のときに初めて出稼ぎに出た。1995年のことである。温州(うんしゅう)にいったが、環境に馴染むことができず、2ヶ月で帰宅した。

花村で出稼ぎ者が目立って増えてきたタイミングは、1996年頃からのことである。まだ出稼ぎという選択肢がなかった頃には、10代の若者が暇を持て余してたむろし、遊び半分で盗みをしたり、喧嘩をしたりすることが多かった。堂金も3ヶ月ほど、「ごろつき」になって喧嘩をしたりした時期があったという。

村で成功する意味

花村での堂金の立場は、微妙であった。入り婿、外来戸の息子だというので、周りの者たちは家族勢力を笠に着て、堂金を屈服させようとした(以大圧小)。道端で「おい、お前どこそこの婿にならないか?」と絡んできた輩(やから)もいたが、堂金がガンとして動じない態度をとったら、後に向こうから謝罪してきたという。

18歳のとき、村で一番の美人といわれた女子と、ちょいといい仲になった。本人の自己申告によれば、彼女は堂金のことが好きだった。だが彼女の父親が、堂金のことを「将来性のない、不甲斐ないやつ」（没出息！）と罵ったために、恋は終わった。

「それ以来、彼女とは口さえきいとらんわ。傷ついたか？　全く傷ついてなんかないわ。もし傷ついたそぶりを見せようもんなら、あっちは俺のことをずっと待っとったはずや」

相手はその後、出稼ぎに出ているが、正月など帰郷しているときに道ですれ違うことがある。向こうはにっこり笑いかけたりするが、堂金の方は目を合わさない。頭にあるのは、自分の事業（コンバインや養豚）のことだけだ、という。

２０００年、22歳のとき、再び上海に出稼ぎにいき、23歳のときに実家に戻って結納を交わし、新妻とともに浙江で１年間出稼ぎした。24歳で正式に結婚し、実家で１年間の新婚生活を送った。

25歳のとき、妻が再び出稼ぎにいく。堂金自身は、その後は基本的には村にいて、農閑期の２～３ヶ月だけ、それも毎年ではなく、たまに出稼ぎにいく、という生活をしてきた。温州や福建に仕事を探しに出るときは、知り合いや村民のコネクションで見つけるのではなく、１泊５元（約１００円）の安宿、あるいは親戚の家があれば泊めてもらい、一人で聞き込みをして仕事を探す。

出稼ぎ先では自動車修理工もやったし、溶接工もやった。

堂金にとって出稼ぎとは、人が皆、経験していることを一とおり経験しておこう、という程度にすぎない。基本的に、村にいる方が好きなのだ。だから、皆が最大限、出稼ぎの時間を引き延ばそうと奮闘しているときに、堂金は村にいて、自分の事業を成功させようとする。村にいた時間が長いので、年配の村民の方が自分をよく知っていて、青年の村民は顔がわからないこともあるという。次節でも触れるが、こうしてお互いの家計事情がわからなくなってくるからこそ、新築家屋も見栄を張ってどんどん巨大化する。

堂金の場合、外来戸の息子だからこそ、花村を離れずに自らの事業を成功させることに意味がある。村から離脱して成功するのでなく、地元で成功して、周囲の人間たちを見返してやり、認めさせたいという気持ちが強い。酒はほとんど飲まない。タバコも吸わない。賭け事もやらない。役人などにはなりたくもない（不想当官）。それが、いかにも堂金らしい。

出稼ぎで若返った話

出稼ぎをする農民工というと、辛く苦しい仕事に耐え、雇い主に虐げられており、同情すべき可哀想なイメージがあるかもしれない。でもそれは本当だろうか。農民工をみる際は、まず彼ら、彼女らの実家の農村にたいする理解が欠かせない。

中国農村を知るうえで、とりわけ山岳地帯（山区）の状況を知ることは、かなり大事だと思う。中国全土の村々の、ざっと6割程度が山村や丘陵地なのだ。

２００３年３月、筆者は山東省果村での三度目の調査を終えて、地区レベル市の中心都市、煙台のホテルに投宿した。疲れた体をほぐすためにマッサージ室を訪れた。担当してくれたのが23歳の女性。中国の都市部でマッサージ業に携わるのは、たいていが各地の農村からやってきた出稼ぎ者である。

この日の女性も出稼ぎ者で、山東省の最高峰である泰山付近の山岳地帯の農村出身者だった。学歴は初級中学卒業、日本の中卒に相当する。父母と妹、弟の三人兄弟。父母はすでに働いておらず（もちろん農地は耕しているだろう）、弟は17歳でまだ就学中のため、一家の家計は本人と妹の二人の出稼ぎ収入が支えているという。

「弟は両親の３番目の子供でね、生まれたときには『計画外生育』っていって罰金の対象になったんよ。３０００元！　当時の３０００元（日本円にして6万円ほど）は実家にとったら大変な金額で、借金をして政府に支払ったけど、返済し終わるまでに長い期間がかかったんよ」

前述したが、中国農村では多くの地域で、第一子、第二子までは「計画内出産」で、罰金の対象にはならないのが普通である。が、二人とも女の子で、どうしても男児がほしいために罰金覚悟で第三子を産む場合も多い。

実家はトウモロコシと小麦を栽培する山村で、彼女は子供の頃から農作業に明け暮れた。

よく覚えているのは、トウモロコシの収穫を終えた後にそれを根っこから掘り返す作業だ。手作業でやるため、手が血豆だらけになったという。

水汲みも重労働だ。村には中心部に1ヶ所だけ井戸があり、暇さえあれば1日に何度でも桶を担いで水汲みにいく。山岳地帯なので、他の場所に井戸を掘るとすれば100メートルも掘らねばならないが、村にはそれだけの資金もなかった。

このように、山岳地帯の村では、子供たちも重要な働き手だった。

「子供でも1・5トンの手押し車を推して荷を運ぶことができるんよ」

「1・5トン！」

聞き間違いではないかと思ったが、彼女は確かにそういった。

労働がきつい山村では、農民が食べる量も多い。

「町の人間なら1個も食べきれんような大きなマントウを、私らは10個も食べてしまうんじゃから」

「10個！」

白髪三千丈的な誇張が入っている可能性はある。だが、実際にそこで生活してきた彼女の言葉にはえもいわれぬリアリティがあった。

もっとも、実家の周辺でも、多少家計に余裕のある家の子供ならあまり労働はさせず、勉強をさせていたらしい。だが彼女の家庭はそうでなく、家の仕事に時間を割かなければならなかった。自宅での勉強時間をとることができず、勉強についていけず、意欲を失った。初級中学卒業と同時に実家のある地区レベルの中心都市である泰安市に出稼ぎにいった。

「町には出たけど、バスの乗り方さえわからんくて、右往左往する始末よ」

出稼ぎ先から、最初に里帰りした日のことを覚えている。街からバスに乗り、最後の停留所で下車してから実家の村まで、長い山道を歩かねばならない。やっと帰宅しても家の者は皆、働きに出ていて誰もおらず、一人で泣いた。

彼女の経験は、おそらく１９９０年代の中国山岳地帯の農村の実態を正確に反映している。中国の農民にとり、割合に最近まで、農村での労働と生活はきつく、特に若い世代にとっては恐怖の対象ですらあった。福建省出身の中国農村研究者、呂徳文もおそらく彼女と同年代だが、その著書のなかで少年時代を振り返り、「当時、私は確かに、『労働』を恐れていた」と述べている。もっとも、２０２４年の今日、このような労働体験をもつ子供たちはかなり少なくなっているだろう。

「仕事がきつかったし、日に晒されて肌の状態が悪かったから、以前は老けてみられることが多かったんよ。17～18歳の頃にはよく25歳くらいにみられた。今のマッサージの仕事は楽チンじゃから、最近になってやっと、23歳の年相応にみられるようになって嬉しい！」

笑いながら背中を揉んでくれる彼女の手は、がっしり骨太で厚みがあり、そして温かかった。出稼ぎで外見は若返ったのだが、山村で鍛えられた「力」はそう容易く消えてしまうものではない。

里と山の拮抗

家族主義と出稼ぎの影響は、実は農村の景観にも現れてくる。もう一度、江西花村に戻ってみよう。

赫堂金の父によれば、江西花村でも大躍進を経た1960年前後の時期には皆、木の皮や芭蕉の根、昆虫なども食べたという。奇妙なものを食べた結果、便通が悪くなり死ぬ人も多かった。

同時に、花村には山林があり、芭蕉などが生えているだけマシだった、という考え方もできる。大躍進後の死亡率が非常に高かった省の一つは安徽省、そして序章でも紹介した甘粛省などで、江西省は逆に死亡率の低い省の一つだった。その違いを生んだ要因の一つとして、山林の多寡に注目した研究もある（Li, "Under the same Maoist Sky"）。

確かに、花村集落の生活は、その周囲の山林すなわち里山とともにある。調理の燃料になる薪は今でも周囲の山からくる。栗の木や竹林も食料をもたらしてくれる。

3月頃に花村を訪れると、どこの家庭から食事に呼ばれても、タケノコの料理が出てくる。すべて里山の共有地でとれるものだ。タケノコ採取の範囲に関しては、緩やかな縄張りが存在しているようだ。この一帯のタケノコの権利に関連しては、「十二家」と呼んでいるグループがある。堂金が戸主の名前を挙げてくれた。姓は皆、赫である。

「文英、文興、福英、全森、龍党、結明、正英、全有、遠山、加義、財興、福連の12軒や。1998年頃にこのグループができたんや」

とはいえ、タケノコの縄張りは排他的な感じではなく、グループ外のエリアに生えているものを掘っていってもどうということはない。

花村集落の周辺の里山は、畑として集落住民に分配されている部分もある。1980年代初頭に農地を分配した際、百数十畝ほどの里山の土地も集落住民に分配され、これを各世帯が開墾して畑にしている。

畑の用途は自由だが、菜の花が多い。春の季節は黄色い花が咲き乱れ、田園風景にアクセントを添える。収穫した菜の花は社更（郷政府所在地）中心地の業者に委ねて菜種油に加工し、自家用とする。里山の畑では、自家用の野菜も多い。通りかかると、これからスイカの苗を植えるのだ、という村民が鍬で作業をしていた。

分配された土地はあちこちに分散していて、堂金の家の場合は合計2畝ほどの土地が7ヶいる。

所に散らばっている。そのうち実際に今、利用しているのは3ヶ所だけで、あとは放置している。

なぜ放置するのか？　直接その理由を聞いたわけではないが、おそらく理由は単純で、家庭内の人手が足りないからだ。年間を通じて福建に出稼ぎ中の妻が戻ってくれば、放置している畑の一部も回復して、野菜などを植えることができるだろう。そうすれば、社吏の定期市で購入する野菜の代金を節約できるが、出稼ぎの収入はなくなる。家族のなかから誰が、どのくらいの期間、出稼ぎに出るか、その判断はさまざまな要因、たとえば農作業や老人・子供のケアに必要な人手など、合理的に、総合的に判断したうえで決まる。これこそが「家族経済戦略」である。

ともあれ、出稼ぎが増えた現在では、集落付近の里山も、元畑であったところから孟宗竹がニョキニョキ生えてきている。人が減って、山が勢力を拡大しているのだ。

花村から南方向に山道を徒歩で1時間ほど登っていくと、霊峰、里梅嶺（りばいれい）が顔を覗かせる。山の頂に各種神仙を祀った廟があり、多くの参拝客が訪れる。ここはもう、花村が位置する余干県と隣の東郷県との県境に近い。

堂金が小さい頃、すなわち1980年代には、はるばるこの里梅嶺付近の山まで薪をとりにくる村民が多かった。

「いっぺん、山に薪をとりに来たら、すぐに十何人ほど知り合いに出くわすくらい、人がいっぱいやったよ。この急な坂道を50キロ以上の薪を担いで歩いたもんや。山の樹は刈られてもうて、禿げ山のところも多かった」

ところが、こんにち山に芝刈りにくる者も減り、今や、里梅嶺付近の山林には樹々が青々と生い茂っている。これもまた、1990年代後半から出稼ぎが増えた影響である。

「負担」という思考様式

家族経済戦略の柔軟さを示す、もう一つの例を挙げてみよう。筆者のもう一つの調査地、貴州省の石村（以下、「貴州石村」）で聞いた「負担」という言葉が、農民の思考様式をとてもよく表しているように思われた。

石村でも1980年代の初頭、人民公社の解体時、土地が各世帯に分配された。筆者のホスト・ファミリーの隆純光の住む石城集落の人々は、このとき、集落から徒歩で1時間ほどもかかる狼店岩集落の一部の耕地も受け取ることになった。この耕地は遠すぎる上に、石がゴロゴロして水の便も悪いため、水稲を耕作することができず、作物はトウモロコシに限定される。そこで、純光の家では2013年、14年と続けて、この土地は耕作せずほったらかしにしている。ところが隣の畑では同じ集落の隆洪景がちゃんとトウモロコシを植えている。これは、どういうことか。

純光の説明は、彼らには「負担がないから」だという。その意味するところは、彼の二人の息子はすでに学校を卒業しており、仕事に就いているということ。いっぽう純光はまだ大学生であり、引き続き学費が必要だ。純光の父親は現金収入を稼ぐために建築関係の賃仕事を主に行わねばならず、そのため農作業に投入する時間と労力はさほどない。したがって、合理的に考えれば、集落から離れトウモロコシしかできないこの「生産性の低い」畑を荒らしてしまうというのがベストな選択となるのである。

あとは野となれ山となれ。

無責任に聞こえるが、花村や石村の文脈でいえば、山中の畑は永久に放棄されてしまったわけではない。いざというとき、たとえば家族の誰かが出稼ぎ先を解雇された際、あるいは家族の「負担」が少なくなった際には再び戻ってきて、放置してある山林の畑を耕せばよい。その際には山が再び畑になる。

山林には包容力があり、多くの人手を吸収してくれる。いうなれば農村生活の保険、緩衝地帯、あるいは貯水池のようなものだ。村民の里山の使い方は近づいたり離れたりと、自由自在でこだわりがないのである。

養豚の強さ

農家の副業収入の源は多元的である。多元的にすることによってさまざまなリスクを避けている。たとえば江西花村の赫堂金が主に携わっているのは、後述するように、コンバインを使った収穫サービスである。だが同時に養豚も行うし、農閑期には出稼ぎに出る場合もある。決して何か一つの職種にこだわったりしない。与えられた条件のなかで現金収入を最大化する、これがミソである。

堂金の２０１０年の収益は3万元（日本円で約60万円）ほどで、2万元ほどを貯蓄にまわすことができたという（銀行には預けないのでタンス預金）。コンバインはライバルと顧客を奪い合う事態もあったが、それでも目標値の4分の3くらいは達成している。

当初の目標は早稲（わせ）と晩稲（おくて）の収穫面積をそれぞれ１５０畝、２５０畝。それが実際は70畝、２１０畝だった。1畝当たり60元を徴収するので、２８０×60＝1万６８００元でガソリン代８０００元を引くと、８０００元ほどの収益となる。その他の収入はトラクターでの田起こし、代掻きが１００畝×55元で、５５００元。自分の水田からの米の出荷で８０００元、子豚の売却で1万元。意外なほどに養豚の収益が大きい（30％程度）ことがわかる。

堂金宅の中庭に隣接して設けられた台所には、母豚が飼育されている。それが7頭の子を産み、4頭売って、3頭は自分で育てている。餌（えさ）は、台所の大釜で糠（ぬか）、大根の葉っぱ、米のとぎ汁などを混ぜてグツグツ煮て作るので、そのコストはゼロである。

養豚は自家消費のためでもある。

販売せず、自家消費用に2010年正月に殺した豚は380斤（190キロ）あったという。塩漬けにしてあり、これを1年や2年、食べ続けることができるという。花村に通い始めた当初、肉ばかりの料理で塩辛く、かつ脂っこい味に辟易（へきえき）したものである。が、のちにようやく料理の塩辛さの一要因がわかった。商店で購入するのでなく、自宅で豚肉をさばき、冷凍庫なしで肉を保存するには、塩漬けが唯一の方法である。

貴州石村でも、家庭経済にとり養豚は重要である。40歳ぐらいの農民に話を聞いた。現地の人にしては珍しく、出稼ぎに出ることなく2男1女を養っている。一番上の子供が高級中学、2番目、3番目が初級中学にいっている。子供が3人も学校にいっているので「負担が重い」と、やはり前出の純光と同じ言い回しをした。やはり「負担」とは、就学年齢の子供がいて現金収入が必要なことを指し、農民生活をみるうえでのキー・ワードである。

家族の農地は7畝で、2畝の水稲と5畝のトウモロコシを植えている。山岳地帯にありがちなことだが、これだけの面積の農地が30ヶ所にも分散している。0・1畝の小さな土地さえあるという。そのように生産性の低い農地経営のなかで、養豚こそが彼の主な収入源となっているのである。トウモロコシは養豚の飼料となり、もし余れば販売することも可能。その他、豚にはさつまいもの茎なども与えることができる。

生活の変化

農民世帯が現金収入を獲得することができた場合、その代表的な使い道は、①耐久消費財の購入、②家屋の新築・購入、そして、③孫世代のよりよい教育を求めるための投資（すなわち彼らのいう「負担」）となる。このうち②と③は、第5章にみる都市化政策の文脈にしばしば重なってくる。すなわち、「よりよい教育環境を求めて都市部でマンションを購入する」という選択である。これも近年の顕著な変化である。すべては、よりよい未来の生活と、「血の流れ」をつないでいきたいという農民の家族主義が現れたもので、中国資本主義の精神と呼んでも過言ではない。

ここで少しマクロな統計をみてみよう。

図1-2は耐久消費財保有数の変遷である。100世帯当たりの数なので、100世帯で100台であれば1世帯で1台ということになる。

たとえば自転車保有台数のピークは1994年前後で、当時、自転車は農村の人々の憧れのアイテムであったことがわかる。これ以降、自転車は古い交通手段になっていき、徐々に減少していく。自転車の次はバイクの保有台数がどんどん伸び、2012年頃をピークに減

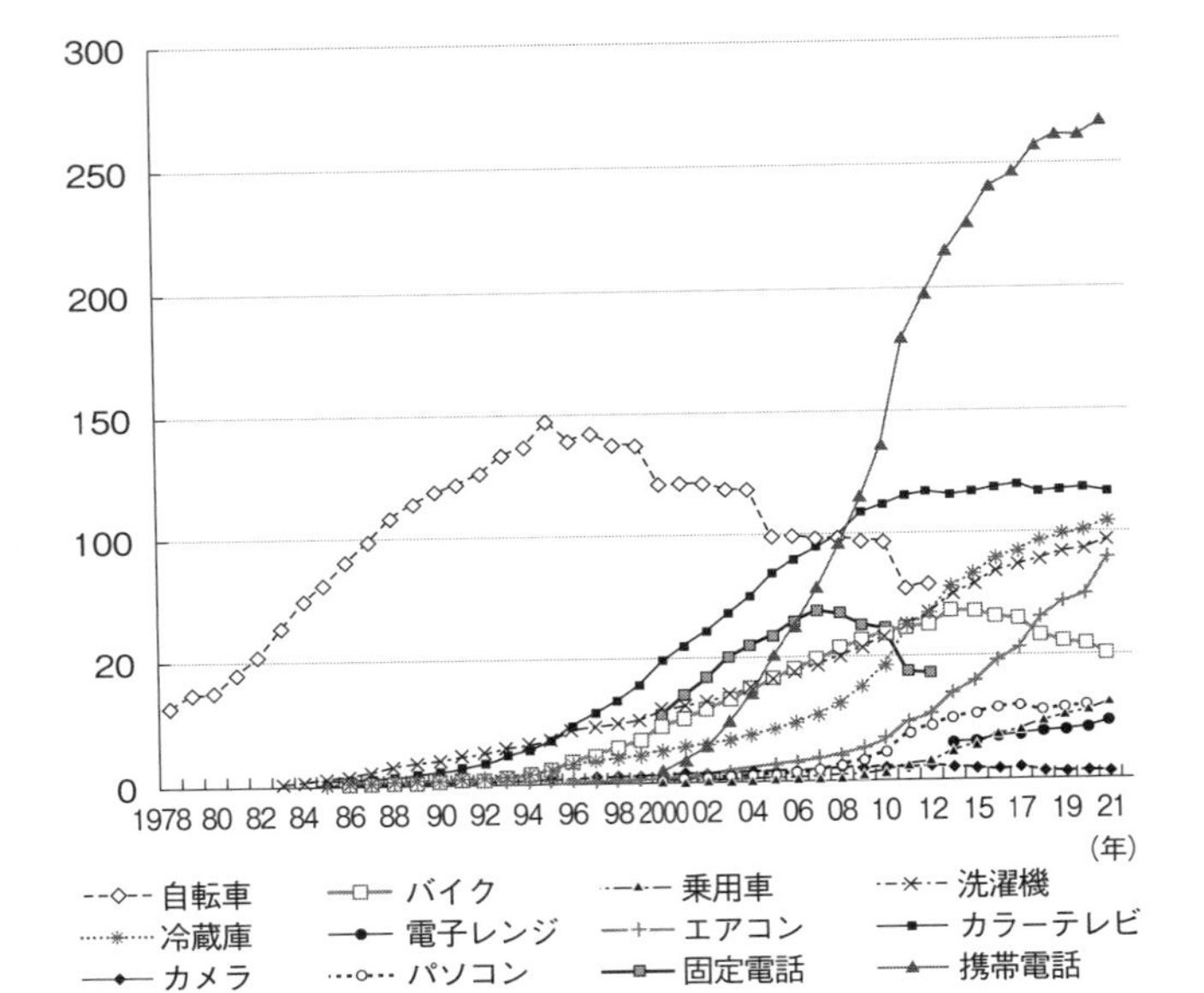

図1-2　農村住民の耐久消費財保有数（100世帯当たり）
出所）『中国住戸調査年鑑』各年版より筆者作成

少に転じている。その代わり、近年では自動車がすでに3軒に1軒程度にまで普及してきている。江西花村では、近年になって、農民工が春節に出稼ぎ先の浙江省からマイカーを運転して帰ってくる現象が普遍化してきたという。2018年頃まではほとんどなかったことだ。また携帯電話、スマホの保有率の伸びは目覚ましい。そのほか、洗濯機や冷蔵庫、エアコンなど家電製品も、2021年にはほぼ、一家に1台の水準に近づいてきている。

こういった耐久消費財や、特に家屋の格式は「豊かさ」の指標として目にみえやすい。そうすると身近な他人との引き比べが始まる。「隣の家が冷蔵庫を買ったのに、うちはまだもっていない」とか「あの家は車を買ったのに、うちはまだもっていない」とか、「みんな4階建ての家を新築したのに、うちは3階建てだ……」と、「格差」が気になってくる。「4階建て」はやりすぎに思えるかもしれないが、これについては後述したい。

以上、この節では、中国農民の家族主義が中国経済の発展の波に出会った際の「家族経済戦略」の具体的な現れについて、エピソードとともにみてきた。そこでは、村の生活を維持しつつも柔軟に変化させ、出稼ぎを含むさまざまな経済的機会をつかもうとするバランス感覚に富んだ農民たちの姿が浮き彫りとなった。

3　「公平さ」のダブル・スタンダード

出稼ぎの形で都市社会・都市市民に接触するようになった農民は、都市の生活を目にすることにより、大きな「不公平感」を抱くことはないのか。授業などで、日本の学生からはこうした質問をしばしば受ける。この節では、中国の農民が社会全体における「公平さ」についてどのように考えているのか、にフォーカスしてみたい。

ダブル・スタンダードの形成

「公平さ」に関し、革命前の中国農民には、家族主義から派生するいくつかの特徴があった。社会学者の盧暉臨（ろきりん）は、以下の四つを指摘している。

第一に「自分の物は自分の物、他人の物は他人の物」という、境界のはっきりした財産の観念。第二に、自己責任意識が強く、その分、生存確保、生き残りのために日頃からコミュニティの関係性に保険をかけておくような発想が弱いこと。後述するとおり、この態度は中国の農村に共同体的な関係が存在しなかったことの裏返しでもある。第三に、格差をそのまま受け入れることである。自分が貧しいのは努力が足りないか、あるいは「運」や「命」が定めたことで、仕方がない、とする考え方。これもまた、中国で身分制が早くに姿を消していることに関連するだろう。第四に、しかしそれでも、飢饉（ききん）などで追い詰められた際にのみ現れる、遠慮がちな平等主義がある。

このような中国農民の自己責任論や運命論は、中国革命と社会主義を経るなかで、ある種独特の色合いをもった「平均主義」に変化してきた。

序章にみたとおり、1950年代末以降、中国政府は戸籍制度を通じて都市の人口を全体の2割程度に抑え、農民の都市への流出を人為的に制限してきた。そのうえで都市部は食糧や就業先の面で政府による手厚い保護のもとに置いたのにたいし、人口の8割を抱える農村は政府からの援助なしに、自力更生を強いられた。のみならず、生産の余剰部分を工業化の原資として国家に差し出すことを期待された。

このことは中国農民の間に「公平さ」のダブル・スタンダードをもたらした。

第一のスタンダードは、「我々農民」カテゴリーの内部である。人民公社、生産大隊、生産隊など（序章参照）は、「集団」すなわち新しい社会主義的な「共同体」となった。この体制のもとで、農民の意識は内向きに、すなわち同じ集落（生産隊）や同じ村落（生産大隊）などの身近な他人との平等性、公平性に敏感になっていった。さらには互いを引き比べる発想で平均主義的な心の習慣を保つようになっていった。「絶対公平、平等に」という思考様式は、人民公社解体時の農地請負権の均分措置（序章）に典型的に現れている。

第二のスタンダードは、遠くで生きる都市住民に向き合った際のもので、都市住民と自分たちの待遇が異なっていても、彼我の間を引き比べようとするメンタリティーは生まれなかった。都市民と自分たちの待遇が異なっていても、「不公平だ！」などとは思わないのである。「我々農民」とは異なるスタンダードをもって接するようになったのである。

長きにわたって別カテゴリーとして扱われたために、同じ「中国公民」であっても大都市住民の生活は遠すぎて、リアリティがない。農民にとって出稼ぎ先の大都市というのは、同じ国内のことではあっても現実感に乏しい。大都市で働いていても、現地の市民との交流は非常に限られている。建築業界などが一番よい例である。都市は働くだけの場所で、同郷から一緒に出稼ぎに来た連中とほとんどの時間、一緒にいて働くというスタイルで、都市の実態というのはあまりみえない。ましてや農民工は、研究者が取り上げるような都市と農村の格差を示す統計資料をみたりもしない。

若い農村出身者にとって、大都市は憧れの対象ではあっても、自身との「引き比べ」の対象ではない。筆者が農村のフィールドでいろいろな人とおしゃべりをしていても、「都市の連中と私たち農民の間の格差が問題だ」というような発言はまず、出てこないのである。

いっぽうで、隣近所の農民同士の「引き比べ」の例は限りなく多く、誰それがどれだけ補助金をもらったのにウチはもらっていないなど、コミュニティ内部でのギャップが強く意識される。このような意識構造は、前述した1960年代、70年代に形成された二元構造に関係している。都市にいるのはもともとが特権的な人々。そのような人たちと、自分たちを比べても仕方がない。その代わりに、農民の内部では、受益でも負担でも絶対的に平等・公平である必要がある。だから現在でも農村内部、自分の村内部での格差が気になってくる。

身近な農村内部の公平性を気にする感覚を、農村の現場からつかむには、家屋の新築に着眼するのがよい。

筆者と江西花村との縁は、2006年のゴールデン・ウィークに遡る。当時、華東師範大学の修士課程に在籍していた研究協力者の赫常青が水先案内人で、上海から一緒に村に向かった。常青は花村の出身であり、少年時代の数年間をここで過ごした後、江西省内の九江という都市部で育った。今も血縁・姻戚の関係者が村に多く住んでいる。我々は常青の叔父の家に投宿することになった。

農村調査の手始めとして、「散歩」は重要な位置を占める。まずは徹底的に集落内やその周辺を歩き回り、どこに何があるのかを把握するのである。何よりも、陽春の散歩は気分がよい。

付近の山など、高い場所に赴くのもよい。花村集落を出て畦道沿いに、田植えの終わったばかりの水田を抜け、細い川を渡り、草むらの小径に分け入ってみる。まばらな竹林や栗の木、村民に分配されている野菜畑をみながら小高い丘を登り切る。振り返ると、花村集落の全貌が見渡せる。

2006年当時の花村には、毛沢東時代に建てられた伝統的な木造家屋、改革開放以降に建てられた2階建ての家屋、それに2000年代以降に建てられ始めた3階建てのコンクリートのビル型家屋（楼房）が混在していた。そうした景観には、さほどの違和感は覚えない。

いっぽう、花村の前方右手には楊家という別の集落がみえる。その家屋群のなかに、とりわけ目を引く1棟の巨大な4階建ての建物がある。左右対称の豪華な意匠が凝らされ、高さと同等の横幅があり、ほぼ立方体の形状をしている。聞けば、このビルは出稼ぎで稼いだ兄弟が共同で建てたもので、30万元（日本円で450万円ほど）ほどをつぎ込んだという。いったいその内部にどれほどの部屋数があるのか、想像もつかない。はっきりしているのは、この家屋の持ち主の兄弟は出稼ぎを続けているとのことで、確かにこの巨大な家屋の周辺には人気が感じられない。

花村に通い始めた2006年頃は、新築家屋でも3階建てが主流で、楊氏兄弟のような巨大な4階建てはまだ多くなかった。定期市が立つ郷の中心地までいけば、ようやく4階建ての建物をみることができた。ところが2015年前後になると、花村集落内でも4階建てが当たり前の相場となり、その密度も以前より高くなってきた。

直近の2018年3月の訪問で、集落に近づくと、田園風景のなかにニョキニョキと直方体が聳え立つ姿は、一種、異様なものに映った。新しくセメントで固められた村内環状道路とともに、村の変化を感じた。ホスト・ファミリーの筆者の弟分、赫堂金もこの間に、自宅敷地内に4階建ての家を新築していた。

新築のビル内部に入ってみると、1階部分は農機具などの置場になっている。食事は中庭にある台所で作り、新築の1階にもってきて食べる。妻、二人の息子を含む家族が実際に居室として使っているのは、2階部分である。長男は中学生で、普段は寮生活。老父母は同じ敷地内にある2階建ての旧宅で寝起きしている。

筆者が使用するようにあてがわれたのは、3階部分だけで4室もあるうちの1室だった。3階部分は全体が「コンクリート打ちっぱなし」のように壁や天井が剝き出しになっている。階段を上がりきった広い中央のスペースには雑多な荷物や、木切れなどが散らばり、雑然とした雰囲気である。

4階まで登ってみる。ここも「コンクリート打ちっぱなし」になっている。ベランダから中庭を見下ろすと、目が眩むくらいの高度がある。農村には馴染まない高度である。

実は、おわかりのように「コンクリート打ちっぱなし」はおしゃれな近代建築のデザインなどではなく、ただ内装工事が行われていないだけである。これは花村を含め、中国南方農村では当たり前にみられる現象だ。現地の文脈では、家を建てる（盖房）と内装をする（装修）とはあくまで別個の概念である。まずは家の骨組みをざっと建て、2階の居住部分のみの内装を済ませて、住み始める。

内装は、家を建てるのに相当するほど、グレードによってはそれを上回るくらいの費用がかかる。そこで、皆は主として居住する1階と2階部分の内装を先に行い、どちらにせよほとんど使わない3階、4階部分は「今後の課題」とする。将来、現金に余裕ができたときに内装をするが、余裕がなければそのままにしてもいい。

実は、この「コンクリート打ちっぱなし」現象は、中国の農民に関してとても多くのことを語ってくれている。

出稼ぎと家屋の深い関係

なぜ、江西花村の新築家屋の3階、4階部分は、内装が後回しなのか?

そもそも、内装が間に合わなくなるのは、新築家屋が大きすぎるからである。「身の丈にあってない」のである。農村の外部者や都会人の目からみれば、住宅というものは住む者の「身の丈に合わせた」コンパクトで居心地のよい場所であるべきで、だから内装もきちんと整えてから快適に住み始めればいいじゃないか、と考える。少なくとも筆者の個人的好みはそうだ。しかし、彼らの考えは少し、いや、かなり違う。

彼らにとって大事なのは、コンパクトで住みやすいことよりも、家の巨大さ、勇壮さ、豪華さなのである。では、なぜ、家は巨大勇壮、豪華でなければならないのか?

それは、新築家屋の大きさの基準が、内在的つまり家庭の必要や好みといったことにはなく、外在的、あるいは少し硬くいえば「他律的」なものだからである。すなわち隣近所、なかでも同じ集落内の村民たちの家屋の大きさを基準に、新築家屋の大きさを決めているのである。そこでは、周囲の世帯との間に、「競い合い」ないしは「引き比べ」（攀比）がある。つまり、「周りが4階建ての家を建てている同じタイミングで、自分が3階建てしか建てられないのは、『面子（めんつ）を失う』ことだ」、と考える。

もちろん、彼ら自身は「面子を失う」などという言い回しを直接、用いたりはしない。しかし、その新築行動からは、彼らの参照軸が明らかに、身近な隣近所、同じ花村の村民や近くの村々の同じ「農民」カテゴリーの人々に置かれているのがわかる。いっぽうで、前述のとおり、彼らは、遠くにいる大都市の住民たちと自分たちを比べたりはしない。

では、身近な他人との間に競争意識が起こるのはなぜだろうか。実はこれも、さまざまな角度から遡って説明することが可能だ。

一つは、前節にみたとおり、現金収入の獲得を目指した出稼ぎブームが1990年代末から2000年代初頭にかけての、まとまったタイミングで始まったことである。花村の場合も、2000年に前後して、20〜30代の若い世代が浙江省の衣料・裁縫関係工場に出ていくことが増え、40代くらいの世代が省都の南昌（なんしょう）での建築関係の日雇など臨時工に出るようになった。出られる条件のある者は、競うようにして出ていくようになった。多くの村民が次々と出稼ぎに出ていったタイミングが固まっていたので、次第に現金を貯め、家屋を新築するタイミングも一致することになる。ここから、おのずと身近な他者である村民の間、周囲の人々との間の引き比べが起こりやすくなる。

ともあれ、こうして徐々に貯めていった現金を用いて、4階建てを新築するのが花村の相場になった。

こうした中国農村の家屋新築競争については、武漢(ぶかん)の社会学者、馮川(ふうせん)の分析が興味深い。彼によると、家屋新築の競争は、人の流動性が低く、それゆえお互いの家々の内情を知り尽くした(知根知底)状態にあるコミュニティでは発生しにくいという。逆に、大量の青年・壮年層の男性、女性が出稼ぎにいき、村のなかの付き合いや情報の交流がある程度、希薄化し、互いの家庭内の事情、とりわけ経済的事情がよくわからなくなったステージで、初めて家屋新築競争が起きるのだという。なぜなら、お互いの家庭の経済事情を知り尽くした状態では、見栄を張って身の丈以上に豪華な家屋を立てる必要はないからである。よその家庭がどの程度、稼いでいるのかがもはやわからなくなった状況下でこそ、必要以上に見栄を張る余地も出てくるという。

「みてくれはなるたけ立派に、内装は後回し」である。

昔ほどには互いに知り尽くしていないが、村のなかに人生の価値実現を見出し、自家の面子を保とうとする。そのような微妙な状況下で、新築家屋における競い合いと「コンクリート打ちっぱなし」現象も生じてくる。

こうしたひとつながりの文脈で捉えてみると、田園風景のなかに林立する奇妙なビル群にもグッと親しみが湧いてくる。

垂直方向の意味

では、家が巨大化するに当たり、ビルのように垂直方向に伸びていくのはなぜだろうか。実は、花村のように垂直方向の競い合いが生じるのは、中国でも南方の農村がメインである。たとえば福建省厦門（アモイ）付近のある農村には、村の経済的実力者の建てた13階建ての自宅ビルが存在するそうである。ここまでやられてしまっては、他の村民もとても引き比べ、競い合うことはできまい。これに比べれば、花村の4階建てなど可愛いものかもしれない。

いっぽう、中国北方の村々では、家の大きさを競う雰囲気自体が希薄である。一説には、北方農村では冬場の寒さ対策が欠かせないため、暖房効率の悪い巨大な家屋は発展しなかったという見方がある。説得力のある説かと思う。北京菜村、山東果村、そして甘粛麦村などの農民住宅にも伝統的床暖房ともいうべきオンドル（炕）があり、家のサイズはかなりコンパクトであった。マイナス40度にもなるロシアの農村でも、家のサイズはおしなべて小さい。

このように、家屋のスタイルには気候の要素も大きく絡んでくる。南方では夏が蒸し暑く、特に1階部分は湿気が多くなるので、農民は条件が整えば、2階以上の部分で生活することを好む、とも聞いたことがある。その際、赫堂金の家がそうであるように、1階部分がリビング兼農具置場になる。寝室などは2階に設ければ、寝苦しい夜は少し楽になる。

南方農村で「ビル」の高さの競争が起こりやすい点については、さらに一歩、踏み込んだ説明の仕方がある。

同じく南方の湖南省衡陽県の「近村」の研究である。近村の状況も、隣の江西省とおよそ似通っている。同村でも、垂直方向に伸びる新築家屋の内部は階ごとにワン・セットになっており、すなわちリビング、個室、風呂やトイレはそれぞれの階にある。つまり都市のマンションの作りが取り込まれており、階ごとにプライバシーを保った生活が完結できるようになっている。こうした作りのメリットは、多くの家族成員が一つ家屋の下に、ストレスなく一緒に住むことを可能にするいっぽうで、家族の団結と、その結果としてのその家の繁栄を他人に向かって誇示できることだという（劉「中国における都市化と農村生活」）。

なぜ、兄弟が一つ屋根の下に住むことで、「団結」を誇示できるのか？　ここでは少し説明が必要かもしれない。

本章冒頭にみたとおり、中国の家族主義は「エゴ・セントリック」（自己を起点として始まる）であるがゆえに、伸縮自在な性質をもつ。ある時点では同居・同財の家族であっても、いずれは下の世代が家長として独立し、分裂していくベクトルが常に働いている。もしも兄弟の仲が悪ければ、父親世代の財産をもって分家するタイミングは早まる（動詞としての「分家」）。漢人の家族にとり、分家はいずれはやってくる当たり前の家族のサイクルである。だからこそ、この分裂のベクトルにあえて逆らい、「大家族」として一致団結し、さらにそれを巨大な家屋によって表現できた家族の面子の大きさは計りしれないのである。

家族の夢

こう書いていて、江西花村ではないが、同じ南方の貴州省貞豊県で出会ったある家族のことを思い出した。小都市である貞豊県城に隣接した近郊村にある彼らの家に泊めてもらったのは、２０１０年夏のこと。かつての城壁の出入り口、つまり城門付近に位置したため、村名は「東門村」といった。

ここで小ビジネスに携わる50がらみの王軍は、もともと、村の集団企業である製紙工場の管理を任されていた。工場の販路の開拓などのため長く貴州を離れ、全国十数省を回った経験もある。そのため現地の同年代の人にしては珍しく、流暢な標準語を話す。

他の村民たちより広い世界をみてきた見識のためだろう、王さんは４人の息子を全員、大学に入学させている。息子は25歳の長男を筆頭に、次男23歳、三男21歳、四男が大学1年でおそらく19歳といったところであった。大学では全員が理系の専攻である。その負担は軽いものではなかったろう。当然、家計は楽ではなく、製紙工場の給料は安すぎた。そこで息子たちの学費を賄うために、工場を辞職して小商売を始めたのである。

このような状況にあって、王さんはなんと県城内に自宅兼店舗の「ビル」を建築中であった。6階建て、総床面積は600平米、壮大な事業である。この6階建てにはちゃんと意味がある。まず1階部分が商売のための店舗となり、次に、2階部分に王とその妻が居住する。

さらに、3、4、5、6階をそれぞれ4兄弟の将来の小家庭に割り当てる。努力と才覚、教育の力でのし上がった一族の発展と団結を、垂直方向に伸びる建築物で表現する。そこには、より家族主義的といわれる中国南方人の精神が感じられる。兄弟の数の多さは家族勢力の大きさを表しており、王さんの場合、それがビルの高さに反映されている。

もちろん、4兄弟が将来、実際にそこに居住するかどうかは別問題だろう。特に兄弟らが外地で就業した場合、兄弟らの小家庭は春節に帰省して滞在するだけかもしれない。が、それでも象徴としての建物の意義は残り続ける。江西花村の場合、村民が自家の繁栄を誇る対象はせいぜい集落内か、近辺の農村だった。ところが新築場所に県城を選んだ貴州の王軍の場合、より高い志で、県域社会全体に向けて自家をアピールしているようだ。

本章のポイント

以上、本章では、農民の行動ロジックについてみてきた。中国農民の行動ロジックの根元には、「家族主義」の発想が認められる。

家族を大事にする。これは、西欧や日本、その他の世界にも共通する当たり前のことのように思われるかもしれない。しかし、中国の家族主義は、現世主義、自己から出発する血縁に着眼するがゆえの独特の狭さ、目標達成のための合理的な労働力の配置、家族の次世代を担う子供への期待、などに彩られており、それはそれで独特のものがある。

印象論的にいえば、現代の日本人の生活は大部分、学校生活や職場での仕事を中心に回っている。家庭の外の社会生活を重く考えすぎているともいえる。これにたいし、中国農民の社会生活は、少なくともその主観の面では、80％ほどが大小の「家族」を中心に回っているといっても過言ではない。だから、家族主義を理解することこそが、中国農民の行動ロジックを説明するのには最も有効だと思う。

コラム1　農村調査で飲酒を避ける方法

中国で農村調査をしているというと、「酒を勧められて大変でしょう」などといわれることがある。客人に酒を勧めるのが「中国の文化」だと思われている節がある。そこには一面の真理もあろうが、かなり偏った認識であるといわざるを得ない。

中国での調査や仕事に伴う大宴会でひっきりなしに酒を勧められて、辟易した経験のある方は、思い出してみてもらいたい。それはかなり正式な、組織対組織の関係にくみこまれた宴会の場、で発生していなかったろうか。

農村調査でいえば、日本側がどこかの大学のグループ、中国側はそれを受け入れるカウンターパートの研究機関、などという組み合わせで、調査が展開する場合である。「プロジェクト型」の調査と呼んでよい。第4章で取り上げる雲南(うんなん)調査がそれに当てはまる。

とりわけ政府の正式なルートで農村に辿り着く場合、それを迎え入れる側も政府とつながりのある正式な組織であり、宴会も正式なものにならざるを得ない。いきおい、歓迎の意を表すために、乾杯は加速度を増し、日本人はその加速度を減ずるための交渉術・演技力をもたないために、飲み倒されてしまうことになる。ある意味、中国で酒を勧められて大変な思いをする、というのは自らが招いてしまっている面が強い。

役人や農民も含め、中国の人は基本的に「社会的飲酒者」だと思っている。社会的飲酒者とは、普段の飲酒の習慣があるなしにかかわらず、主として他人との社交の道具として飲酒が位置付けられているような人々のことである。したがって、この種の人々は基本的に、自宅で一人酒を嗜むことをしない。この対極には「個人的飲酒者」がいる。つまり社交の場で飲酒することもあるが、基本的には他者を必要とせず、自宅で一人酒を楽しむことのできる人々である。

社会的飲酒者の中国人の特徴が凝縮された場が、宴会である。中国人の日常的な社会関係の構築にとり「一緒に食べること」（共食）が重要な意味をもっているのは誰しも認めるところである。これにたいし、共食を基礎にした酒宴はより非日常的であり、一般に、何らかの意図と目的性をもって、目標達成に必要な社会関係を作るために実施される。その目標が高ければ高いほど、社会関係を作るためには、一層、正式な「場面」（演劇のシーン）が形成される必要がある。飲酒者は舞台の上の役者であり、それなりの役割を演じねばならない。

厳かで高い演劇性をもって、ホストとゲストの間で乾杯、返杯という酒の応酬が必要になる。一つ一つの杯の応酬には、言葉によって意味が込められる。

現代日本のように、最初の一杯だけが「乾杯」なのではない。すべてはホストとゲストの間の関係強化に結びついた意味が込められている。バリ島で男たちが夢中になる闘鶏の意味を解釈したC・ギアツ流にいえば、中国の酒宴もまた「深い遊び」(deep play)である。

本書でもこのあと登場してもらう筆者の調査地、北京遠郊の菜村(以下、「北京菜村」)は、上のレベルの政府とのつながりを豊富にもつ「モデル村」である。野菜の生産基地として卸売市場と保冷庫を建設する資金を獲得するためには、政府部門とつながりをもつ必要があった。つながりを作るためには宴会が必要で、宴会を成功させるには酒を飲まねばならない。県の幹部を招待したら、村の幹部は死ぬ気で飲まねばならない。

元婦女主任の孫記平(そんきへい)は、酒好きな筆者を冷やかしつつこういう。

「あたしゃ、お酒なんか全然好きじゃないし、飲みたかないんだよ。でも県の人たちをもてなす宴会のときには、どんなに苦しくても絶対に乾杯しなきゃなんない! 県のお世話になる立場からは、飲まないなんて選択はありえないんだよ」

確かに、中国人、特に「官」に属する人々は、大いに盛り上がっている宴会場で白酒を乾杯している際に、心底「つらそう」な表情をしている場合がある。すでに明らかなように、酒が好きだから飲んでいるわけではないのだ。社会関係を作り、何らかの目的を達成するために、乾杯・返杯が必要なのだ。

では、中国農村のフィールド・ワーカーが、現地で飲みたくない場合、どうすればよいか。

答えは簡単で、政府の正式ルートを通るのではなく、直接、家庭のような私的な場に入ってしまえばよい。家庭のような場では、演じる必要がほとんどなくなる。身内（自己人）としての関係になれば、社会的飲酒者である中国人（農民）は、こちらを家族と同じようにみてくれるので、もはや酒を勧める理由はなくなる。こうなれば、飲酒するか否かは、個人の嗜好の問題となる。

筆者の農村調査の場合、ホスト・ファミリーの家族は誰も飲んでいないのに、自分だけが飲んでいるようなこともしばしばだ。東京の自宅の居間で飲んでいるのと何も変わらない。

家族主義を信奉する中国の農民は、一見すると自分の家族のことしか考えておらず、「公共性」には欠けているようにもみえてくる。

およそ20世紀より以前の中国農民の状態を示す表現としては、中国革命の父と呼ばれる孫文（ぶん）（そん）が「三民主義」のなかで述べた「バラバラの砂」が有名である。中華民国期の社会教育運動家、晏陽初（あんようしょ）は、中国農村の四つの「問題」として、①「愚」＝知識の欠乏・非識字、②「窮」＝貧困、③「弱」＝病気がち、科学的治療および公衆衛生の欠如と並んで、④「私」すなわち団結・協力の精神と公衆道徳・公民的訓練の欠如を指摘していた。

孫や晏など、農村外部の知識人は、国内の農民が家族や、家族が血縁的に拡大した宗族で「つながる」ことはできても、地域や国家で「まとまる」ことは苦手で、要は団結が欠如している点を嘆き、農民の「改造」と「教育」の必要性を唱えていたのである。

では、このような人々の間で、いかにして「公共生活」は可能なのだろうか。あるいは農村の公共生活は、すでに崩壊してしまっているのだろうか？　この章では、以上の疑問に向き合ってみたい。

1　血縁から地縁へ

農村の公共生活

私たちが村に入って、目立たないようにしばらく歩き回ってみると、その時々、当該の村において、村民の誰もが関心を示し、好んで話題にしたがる「公共的な問題」があることに、やがて気付くだろう。「公共問題」は長期的に、常に話題の焦点になるとは限らず、機運の盛り上がりには偶然のタイミングや周期性がある。これも興味深い点である。

小著『草の根の中国』（以下、『草の根』と略記）では、こうした農村の公共問題を「つながり」ベース（調整コストの低いもの）と「まとまり」ベース（調整コストの高いもの）に区分して考えた。

たとえば血縁を含む人と人との個別的な「つながり」という資源を用いて、道路を補修したり、共同で農作業をしたり、狭い範囲の飲み水の問題を解決したり、「留守児童」の面倒をみたり、あるいは死者の埋葬を行ったりする営みは、日常的に観察することができる。

他方で地縁などのより大きな「まとまり」ベースの資源を動員し、農地や山林の管理、「集団経済」の形成と管理、灌漑（かんがい）用水の問題、村全体の飲み水の問題、相対的に規模の大きな道路の建設、定期市の設定、教育や学校問題の解決、宗教施設の建設、文化イベント活動などに対処する事例もある。これらはすべて、筆者の調査地で観察された村民らのリアルな活動である。

このように、いかにバラバラにみえたとしても、農村に住む人々が、大都会の住民と根本的に異なっているのは、彼らが「つながり」や「まとまり」をもっていることである。すなわち、人々の家屋敷が寄り集まって形成される「集落」という場は、目にみえる存在としてあると同時に、そこに折り重なる家々の社会関係が多少なりとも「組織化」されている（鳥越『家と村の社会学』）、という点が重要である。内部の関係が組織化されているという点は、農村社会学という学問分野の基本的な着眼点であり、村落をもつ世界の国々を対象として研究していくうえでの共通の出発点である。

「差序格局」の世界

村落の人間関係が組織化される際の中国農村の際立った特徴は、まず何をおいても血縁で結びつけられた個々人が、家族主義に基づき、豊かさや栄達を目指して行動する精神的態度が社会の起点となっている点である。言い換えれば、個人を出発点として、血縁原理を元に人間関係の秩序を拡張していくのが、中国の郷土社会の原型であった。第1章でも触れたとおり、社会学者・人類学者の費孝通は、この独自の社会構造を「差序的な構造配置」(差序格局)と呼んだ。中国社会の研究では極めて有名な学術的タームである。

しかし、「郷土社会は自己を中心として波紋状に外に広がっていくego-centricな社会構造をもつ、それが『差序格局』だ」などといわれると、小難しく、わかったような、わからないような、あるいは頭では理解できても、自分の感覚としてスッと入っていかない気分になる。中国人(農民)がみている世界は、日本育ちの我々とは違う。当たり前だが、彼らがみている世界を体感するのは難しい。

しかし、本書で何度も登場する江西花村のような地域を繰り返し訪れてみると、この感覚がなんとなく「わかる」気になる瞬間があったことも確かである。

中国の農村調査で新しいフィールドを開拓するには、現地につながりをもつ紹介者、つまり研究協力者が欠かせない。少なくとも最初の何回かは、研究協力者に同行してもらわないと、にっちもさっちもいかない。

そのわかりやすい理由の一つは、言語の問題である。花村が属する江西省で話されている言葉は「贛方言」といって、他地域とは顕著に異なる。方言系統内部の差異も大きく、同じ省内でも一山越えて隣の県にいくともう言葉が通じなくなる。だからまず、現地出身の研究協力者には現地語と標準中国語の間の「通訳」をお願いしなければならない。

同時に、研究協力者に期待する役割で、方言通訳と同等か、あるいはよりもっと重要なのは、彼・彼女の現地につながる人脈を使用させてもらうことである。

「人脈」は、まず何をおいても、研究協力者の近しい家族から始まる。赫常青の場合、父親がすでに亡くなっており、母親は江西省内の九江市在住、彼は当時、華東師範大学の修士院生であった。半分以上は都市住民のようなものだ。そこで、入村して最初に住み込ませてもらったのは、常青の叔父（父のすぐ下の弟＝大叔）の家だった。

このようにいったん、ホスト・ファミリーが決まると、そこを「中心点」として、人間関係が広がり始める。花村の場合、この人間関係は、端的には食事＝ミニ宴会に呼ばれる範囲によって可視化される。

たとえば大叔の家に泊まっていたときは、その弟である叔父（小叔）の家で食事をご馳走になることも多かったし、集落内にあるその小叔父の娘の嫁ぎ先である国英おじさんの家に呼ばれることもしばしばであった。また、協力者の常青の父の妹、つまり叔母の家も集落内にあり、そこでもしばしば食事に呼ばれた。さらにややこしいことに、この叔母の娘も国英おじさんの長男に嫁いでいる。このように、花村のような農村では、世帯同士の間に二つ以上の関係が重なっていることがよくあり、そうした場合はより親密な世帯間の関係が出現する。

80世帯ほどの花村集落では、大部分が赫姓だが、血縁・姻戚関係で色濃く結ばれる世帯と、そうでない世帯の間では濃淡の差があり、日常的な付き合いの濃さには差があるわけである。逆に、血縁・姻戚のネットワークは村外にも延びており、定期市の立つ社吏や他の村など、たいていどこにいっても関係者がいるので、村外の家で食事をいただくことも多い。

「中心点」が移動すると

2007年、3回目の花村訪問では、滞在先が常青の母方祖母（外婆）の家に変わった。当時、大叔の家はまだ「ビル」型の家屋に新築されておらず、家のなかに豚や水牛もおり、トイレの状態も含め、居住条件はなかなか困難であった。さらに、好奇心旺盛な三人の孫たち（留守児童）もいて、しょっちゅう絡みついてくる。総合的に考えて、少し条件のよい家に滞在先を変えることになったのである。祖母の家は、花村集落から150メートルほど離れた戌家集落にあり、家も新築されていた。

祖母は小柄で、しわくちゃな顔にいつも素朴な笑みを湛えた、現地の人々の基準からしても客をもてなすのに熱心な女性。筆者らが1階に降りていくと、いつも豊富な料理がしつらえてあり、「ご飯食べ、ご飯食べ！」とひっきりなしに食事を勧めてくる。

こうして、滞在先が大叔の家から母方祖母・母方叔父（二舅舅）の家に変わると、常青にとっては同じ程度に近しい世帯であっても、現地に広がっていく「中心点」が変化することになった。中心点が変わると、それまで聞いてきたのとは異なる立場の情報が入ってくる。たとえば、当時村民の間で話題になっていた、農道の整備について、反対する側の声が入ってきた。

花村集落では、戌家集落に続く田圃のなかの畦道を拡張して、舗装道につなげる計画が持ち上がっていたが、一つの問題があった。農道拡張で占有する必要のある水田は、ほぼ戌家村民の請負地なのである。水田の補償額などにつき、行政村の党支部書記も交えて協議が行われたが、戌家側の反対の声が大きくなり、結局、計画は頓挫した。

翌2008年の滞在時、降り止まぬ雨を眺めつつ、戌家側の立場を支持する叔父が農道の一件について語り始めた。

「とにかく、花村（中心集落）の道路のためにウチの村（戌家集落）の田を出すことには、反対ゆうたら、反対なんや」

もともとこの農道整備の話は、戌家の村長が花村の村長に「できるもんなら、やってみなはれ」とけしかけたことから始まった。

これについて、「村長が賛成しようと、村のなかには反対する者もおるんや」と叔父。「もしも政府の事業でやるんなら、道がどこを通っても反対する理由なんかない。ほやけど村と村の関係ということになると難しいんや。行政村の胡書記なんかも、この件には無関係や」

その後の聞き取りで、花村と戌家の二つの集落の間には、人民公社時代、水争いを発端として二度ほど、武器を持ち出して衝突しかけた過去があることがわかった。花村のような血縁意識の強い村で、もしも一つの「中心点」とその親密圏に留まっていたら、反対側の主張には辿り着けなかったかもしれない。

さて、２００９年、５回目の訪問から、研究協力者の常青は上海で公務員となり、筆者の調査に同行することはなくなった。そこで再び、花村での滞在先が変わった。３軒目のホスト・ファミリーとして、実際に行動を共にするようになったのが、常青の叔母の息子、つまり常青の従弟にあたる赫堂金宅である。今後の調査活動は、この堂金を「中心点」として展開することになった。

面白いことに、堂金の家が新しいホスト・ファミリーになってから、あれほどよくしてもらった常青の外祖母の家には、ほとんどいく機会がなくなった。常青の「中心点」から始まるネットワークと、その従弟である堂金を「中心点」としたネットワークは、一部は重なりつつも、相互に大きくくずれている。堂金はもちろん、隣の集落に住む常青の外祖母を認識しているが、彼からすれば従兄の母方祖母ということで、中心点からの社会的な距離はそれなりに遠くなり、150メートルしか離れていなくとも、特別な用事が生じない限り訪ねていくことはない。

以上の「差序格局」の感覚は、「郷土社会」ならずとも中国社会に生きる人からすれば、取り立てて指摘する必要もない当たり前のことかもしれない。だが、集団を単位として一群の人々を線で囲い、枠の内部と外部の区別で社会をイメージすることに慣れている者にとって、江西花村は一つの生きた教室だった。

日本の農村社会で調査活動を展開する場合でも、「中心点」となる個人はもちろん重要であろう。ただそれは、ある地域に入るための「紹介者」程度の位置付けで、その紹介者の人間関係に全面的に頼ることはないだろう。日本では村役場などの公的組織も含め、それなりの理由さえあれば、全く「関係」のない個人でも協力を惜しまないのではないか。これにたいし中国農村では、ある個人を中心点として、そこから関係を通じて広げていかない限り、実質的な情報は何も得られずに終わることは請け合いである。

敷居の高い家々

中国農村の話からいったん外れてしまうが、ここで一つの個人的なエピソードを紹介したい。

筆者が広島の実家で過ごした小学生時代、最も夢中になったことはチャボの飼育である。チャボとは愛玩用に開発された小型の鶏の一種である。最初は小学3年の頃だったか、祖母のつてで知り合いから雄鶏(おんどり)1羽、雌鶏(めんどり)4羽を譲り受けてきて飼い始めた。一羽一羽に名前をつけ、毎日、学校から給食のパンを残して持ち帰って与えるほど、飼育にのめり込んでいた。

「コケコッコー!」

当然ながら、雄鶏は毎朝、暗いうちから時を告げる。

しばらくして、一枚の葉書が家に届く。雄鶏の声がうるさいという趣旨の苦情であった。葉書は無記名であったが、送り主が誰かを突き止めるのは容易(たやす)かった。お隣のおじいさんである。

今思えば、広々とした田舎で鶏の声がうるさいなど、またそれをわざわざ葉書で伝えるなど、まるで笑い話のようだが、苦情を受けてしまった以上、放っておくわけにもいかない。やむを得ず、「二刀流」と名付けていたその雄鶏に雌鶏を一羽だき合わせ、別の集落に住む小学校の級友に引き取ってもらった。

この苦情のおじいさんがやや「変わり者」だった可能性はさておくとして、このエピソードは実家の農村の雰囲気を伝えるものとして筆者の胸に残っている。

これを実家の家々の「敷居の高さ」と呼んでみると割合にしっくりくる。敷居が高いから、隣近所に「気兼ね」する感覚がある。敷居が高いから、理由なく互いの家を訪れにくいのである。

ここでは「理由なく」というところがポイント。冠婚葬祭など、ちゃんとした理由があれば、家の敷居を越えて人の往来が発生する。たとえば、実家では現在までかろうじて続く家々の連携の形として、「講中（こうじゅう）」というものがある。14軒の家々が一組になり、どこかの家で死人が出ると、全世帯が人手を出し、葬式を挙行するための援助を行うのである。甘粛麦村の例でみたような中国農村の葬儀と異なっているのは、手伝いに集まってくるメンバーシップが固定化されているということだ。死者の出た世帯を「中心点」として、血縁的関係の深い世帯が集まるというものではない。

わが田舎での葬儀は、都市部のように葬儀屋に頼ることなく、基本的に自宅で挙行される。地方の名士が亡くなった場合は寺院で行う場合もある。このとき講中の家々は連携し、公民館から祭壇を借りてきたり、親戚縁者に連絡をとったり、通夜のために料理を準備したりと、連係プレーを行う。多くの関係者が弔問に訪れ、これも講中のメンバーが受付をして、菩提（ぼだい）

寺の和尚さんが法要に訪れるなど、家の空間には多くの人の出入りがある。

しかし、こうした近隣との往来・接触も葬儀という理由あってのことで、特に用もなくふらりと近所の人がやって来ることは稀である。最近、実家の父に聞いたところでは、一部の家は非常に格式の高い、立派な床の間つきの座敷がしつらえてありながら、年に一度も訪問客がないこともあるという。

子供ならより自由に家々の敷居を跨げると思うだろう。確かに、小学生の頃、筆者も「遊ぼー」と声をかけつつ、同級生の家に遊びにいくことはあった。ただし、わが田舎の大人たちは、子供たちが室内で静かにおとなしく遊ぶことを好まなかった。できれば子供たちを屋外に追い出したい空気を漂わせていた。筆者のズボンから落ちた泥を、これ見よがしに床から拾われたこともある。筆者の両親は中学教員でもあり、友達が家に入ることに関しては寛容だったので、どちらかといえば、友達が我が家に来る方が多かった。

敷居の低い家々

さて、このような回顧の仕方になるのは、もちろん、本書に登場する中国の農村を比較の参照軸としているからでもある。結論からいうと、中国の家々（周知のとおり「家」という概念からして日本とは異なる）の「敷居」は限りなく低い。

この「敷居の低さ」を一番、顕著に感じさせてくれたのが、江西花村である。花村調査では、泊まり込む農家は決まっているが、食事をする家が毎回、変わる。昼はこっちで、夜はあっちで、明日はどこそこで、というように。みんなが関係者であり、しょっちゅう招いたり、招かれたりしている。子供たちも家々の間を自由に移動している。こっちでご飯を食べ、あっちで宿題をし、というように彼我の境界などというのはなきに等しい。両親とも出稼ぎ中のいわゆる「留守児童」も、そのように関係者の家の間を走り回って暮らしているのである。これを逆にみれば、子供が走り回れる実家の環境があればこそ、親たちは安心して出稼ぎにいってしまうのである。密室のなかに子供だけを取り残しているのとは、わけが違う。

なぜそのようなことが起こるのか？　もう一度おさらいしてみよう。

中国の、とりわけ南方の村は、図式的にいうと、血縁者が移住して村を開き、その男系の子孫が徐々に人口を増やしながら拡大する。耕地の量が人口を養いきれなくなると、血縁者の一部が再び別の場所に移って新しい村を開く。なので、村のご近所さんは基本的に兄弟や従兄弟など、近い関係にある人々の家で、家屋は違っていても皆が関係者である。

こうした環境では、たいていは血縁や姻戚関係のある近所の人が、特に用もないのに家にいる、などということは普通である。家族が食卓を囲んでいるのを、侵入してきた人がただぼんやり眺めている場合もある。こうして家々を随意に訪問して回ることは、中国語では「串門(チュアンメン)」(家々を串刺しにして廻るイメージ)と呼ばれ、農村ではごく日常的な行為だった。

縁側の意味

家屋の構造にも関係がある。玄関で靴を脱ぐ必要があり、家に踏み込むにはそれなりの理由と覚悟が要る日本と異なり、中国農村の家屋は内部に入るのに靴を脱ぐ必要はない。家屋全体が土間のような感じである。

日本農村では、ふらりと家屋の内部に入っていく「串門」のような行為は一般的ではなかった。その代わりに、内部と外部の中間的領域として、気軽に腰掛けて話ができる「縁側」が存在していたとされる。こうして家屋の内部に上がり込まず、縁側でおしゃべりすることは、近隣との「気兼ねのなさ」と結びつけて考えられる。だが「気兼ねのなさ」が強調されることは、日本の村における家々の「敷居の高さ」の裏返しにほかならない。

もちろん、敷居の高さには地域差もあるだろう。筆者の母方の祖父母の家は同じ広島県内の福山(ふくやま)市にあったが、家の裏手にあるご近所のおばあさんが、まるで自分の家に戻ったかのようにふらっとモンペ姿で土間に上がり込んでくる。子供ながらに、自分の家との違いに驚いたものである。またこの母方祖父の姉は同じ福山市でも鞆(とも)の浦(うら)(江戸時代に朝鮮の使節が必ず立ち寄った港として有名）という港町に住んでいたが、筆者らが訪れると、近所の子供が勝手に家のなかまで案内してくれた。敷居の低い、風通しのよいコミュニティがあるようで、これが港町の空気かと感心したものである。

日本にも中国と同様に「農村社会」が残っていて、講中の例にみられるように身近な他人との間に日常生活遂行上、必要な互助関係・交流関係が存在している。この点は両社会に共通している。だがそこに、基本的には隣近所に迷惑をかけず、貸し借りを作らないように気兼ねしながら暮らすメンタリティーが存在しているのは、日本の特殊性だろう。日本農村社会学の始祖、鈴木榮太郎（すずきえいたろう）はこれを「村の精神」と呼んだ。

なぜそのような精神が生まれるのか。それは第1章にみたとおり、日本の家が、ウチとソトという家の境界のはっきりした「団体」的な構造をもつからであろう。農村少年だった自分が感じていた敷居の高さは、この団体的な性格に絡んでいる。さらにいってしまえば、筆者の農村少年時代に温かい記憶が少ないのは、家の境界を超えた——費孝通流にいえば——「郷土社会」が欠落していたことが一因だろう。

「共同体」の創出？

「村」という空間を共有することに端を発する地縁組織は、中国農村ではそれほど自明なものではなかった。村落と絡めて連想されがちな「共同体」は、中国では存在してこなかったのである。

戦前から戦後にかけての日本の中国学界には、中国農村に「共同体が存在するのかどうか」という論争があった。代表的な論客の名前を冠して、「平野・戒能論争」と呼ばれる。論争の結果、中国農村には封建的自治村落の伝統をもつ西欧や日本のような、地縁に基づく「共同体」は存在しなかった、と結論付けられている。

代表的な暮らしの問題として、畑の作物を盗難から守ることを目的とした「看青」と呼ばれる組織があった。ところがこの組織を詳細に調べてみると、どうやらそれは盗難防止を「共同体的に」解決するのではなく、むしろ村内の貧困層による盗難を防止する富裕層のための組織だったことが明らかになっている。

共同体というと難しいかもしれないが、そのわかりやすい特徴は、「誰が決めたものでもない抽象的なルールをみんなで守れるか」ということだと思う。日本の山には入会地というものがあり、誰が、どれだけの期間、柴を採取していいのかということについては、詳細なルールが取り決められていた。それを破った者は、共同体によって制裁を加えられる。ルールを破った際の最も重い措置が「村八分」ということになる。

伝統的な中国の農村には「村八分」はなかった。血縁に基づく実力関係の方が大事で、地縁的な共同体が存在しなかったので、「村八分」は村民の行動を制御する力とならなかったからである。

統治権力の側からすれば中国農民の「家」というのは伸縮自在で境目がなく、つかみどころがない。これにたいし、地縁的な組織は統治の単位として便利である。実は「戸」（世帯）というのも、小さいながら家屋という場所に住む人々を包括できるので、一つの地縁概念である。特に近代以降、地縁的な組織（たとえば1934年に導入された保甲制）は「戸」を単位として、10戸を1甲、10甲を1保としてまとめ上げていた。

以降、地縁組織の必要度は高まり、人民公社の時代に至って、地縁の血縁にたいする優位が確立された。中国農村に、地縁的な契機が生まれたのは、革命と社会主義の経験によるものだった。人民公社、生産大隊、生産隊という人民公社の「三級所有システム」のもとで、初めて村々や集落の間に明確な境界線が引かれ、地縁的な原理で労働力が再組織化された。もっとも、一番下の生産隊レベルの地理的範囲は、もともと家族を一回り拡大した血縁集団と大きく重なることが多かった。その意味で、人民公社システムは血縁組織の生命力を借りることで、約20年間にわたりもちこたえていた、ともいえる。

人民公社解体後は、地縁と血縁の関係は独特の隔たりとコントラストを呈するようになった。一部の地域では地縁的な要素は、瞬く間に後方に退いた。先にみた、江西花村はそうした例である。これにたいし、地縁的要素を比較的、残している地域もある。一般的にいって、北方の村落は南方の村落に比べ、社会主義的地縁共同体の要素を現在でも色濃く残している。そのような好例が、次にみる北京市遠郊の菜村と山東半島の果村である。

2　村に移植された地縁組織

「大隊」の記憶

北京菜村は、筆者が中国農村の定点観測を始めた最初の村である。2001年の3月のことだった。

村のロケーションは北京市内から車で1時間ほどであるが、都市化の波に飲まれるイメージのある近郊農村というよりは、「遠郊」農村と呼ぶ方がふさわしい。北京を訪れる観光客がかなりの割合で足を運ぶであろう八達嶺(はったつれい)長城を横目にみつつ、延慶(えんけい)県の県城に向けて進む。幹線道路から外れて村の入り口に当たる脇道に入ると、左右の車窓には真っ平らな華北平原の、農閑期だけに何も植っていない黄土色の畑が広がる。数百メートルいくと、野菜卸売市場が目に飛び込んでくる。菜村を象徴する公共施設である。この市場に隣接して、菜村の「大隊」がある。

「大隊」とはもちろん、序章で説明したとおり人民公社時代の「生産大隊」のことで、厳密にいえば今は存在していない。だから、現在の菜村の村役場は「菜村村民委員会」と呼ばれるはずだ。だが、菜村では村幹部も村民も、村民委員会のあるオフィスや、村の指導部、村幹部らのことを指していまだに「大隊」(dadui) と呼ぶ。村民委員会の略称である「村委会」(cunweihui) とは呼ばないのである。

どうやら、彼らの頭のなかは、かつての生産大隊が生き続けているようなのである。彼らの意識のうえで、人民公社は解体していない。不思議なのは、1級上の「公社」や1級下の「生産隊」の呼称はあっさり消えてしまったことだ。なのに、大隊だけが人々の意識のなかに生き続けている。

中国農村の文脈のなかで、「大隊」の語感は、「村民委員会」のそれとはだいぶ異なる。村民委員会は、公社解体後、1980年代以降のある思想的文脈のなかで導入された。村民による直接選挙により主任や委員を選ぶことから、導入当初は中国社会の民主化の実験場として、基層民主の実践の場として、当の農民以外の改革派の知識人や政府関係者らによって推奨された側面が強い。その分、村民委員会は農村にとっては外生的なもので、どこか空々しい響きを伴う。

これにたいし「大隊」の方は、創設当初はやはり外生的であったかもしれないが、二十数年の人民公社時代を経て、農民の実生活に根ざした実態をもつようになった。大隊の語感は民主的価値よりも権力・権威の一極集中、思想の統一、村落社会の団結、少数者のリーダーシップなどに馴染みやすい。菜村の村民が「大隊」の呼称を使い続けているのは、これらの含意がすんなりと受け入れられる社会的現実がまだ存在しているということである。ただしこのような村は、今日の中国農村では決して多数派ではない。筆者のほかのフィールドで、村が今でも大隊と呼ばれているのは、山東省の果村ぐらいである。

大隊のラッパ

菜村に滞在し始めて数日間、どこからか、拡声器を通じた放送が頻繁に流れているのに気がついた。村中に響きわたる大音量である。

「放送」といってもラジオやテレビのアナウンサーのように淡々と、明瞭な発音で、標準語でというのではない。まず勢いのよい「ウエイ!!」(第四声＝音の調子が高から低に急降下)の発声で始まり、短い同じ内容が何度か繰り返される。村民同士が道端で出会ったときのような気取らない大声で、直接相手に話しかけているようなローカルな口調である。

ちなみに延慶県(現在は延慶区)は北京市の一部で、訛(なま)りはあまり強くないが、人々には標準語の第一声を第四声で発音するクセがある。第一声(高く、平らに発音)である「車」

(che)が第四声（高から低に）で発音され、意味がわからず何度も聞き返したこともある。
それでも放送でしゃべっているのは村幹部であり、これが「大隊」から村民への重要な連絡手段であることに気付くのに、時間はかからなかった。

なかでも多い内容が、村民の呼び出しである。菜村は北京郊外に位置する上、経済的にも発展した模範村であり、2001年の段階で村内の約3分の2の家庭に固定電話が普及していた。にもかかわらず、ラッパ（ラウド・スピーカー）を通じた放送は好んで使われており、「張〇〇、張〇〇、大隊まで来てください！」と3回ほど（5回のときもある）繰り返して呼び出す。呼び出されたことが全村に伝わってしまうのである。村全体に知れ渡った方が、村民を実際に動かす力があるのだろう。

2001年3月18日は、月に一度の婦女の身体検査の日であった。北京は首都だけに、農村部であっても文字どおりの「一人っ子政策」が実施されていた。つまり、第一子が女児であっても第二子の出産は認められない。こうした厳格さは他地域の農村ではあまり聞いたことがない。菜村では子供を一人でも産んだ婦女は避妊リングを装着される。それがずれていないかを定期的に検査するのである。

朝から、ラッパを通じ女性村幹部の呼び出しの声が繰り返し響きわたる。

内容的には、「検査は全員、100％を達成しなければならない。もしも来なければ、病院にいって自費で検査することになるよ！」。「まだ来ていないのは、あと少しだけになったよ。放送を聞いたらすぐに検査に来るように！」などというもの。繰り返ししつこく、午前中だけで10回ほども呼びかけを行っていた。

大隊のラッパは、選挙の時期にも威力を発揮する。村民委員会選挙の際には有権者全員に「村民の権利だから、投票するように！」という粘り強い呼びかけが続く。２００２年12月の郷・鎮人民代表の選挙の際には、「女性は特に必ず投票するように！」「寒いのでたくさん服を着るように！」「選挙は喜ばしい出来事だから来るように！」などの巧みな言葉を挟みながらのラッパでの動員の結果、このときの投票率は97％に達した。

コロナ禍とラッパ

政府系機関紙の一つ『農民日報』によると、村のラッパにはいろいろな使われ方があり、政策宣伝というよりはますます「生活化」してきている。２００６年以前には、小麦の収穫後の農業税納入の声かけ、（菜村と同様）計画生育の検査の声かけ、水道水放出のタイミング通知、電気代支払いの催促、郵便物の配達で本人が自宅に不在の際の呼び出し、村医者が自宅に不在の際の呼び出し、夕食に戻ってこない家族の呼び出し、街から魚の行商が来た際の村民への宣伝、ペットの犬や猫の迷子情報、鍬や靴の落とし物・探し物の情報などである

（『農民日報』２０１５年10月9日）。

より近年、コロナ禍でも中国農村のラッパが活躍したとの報告もある。新型コロナが拡大を始めた２０２０年の旧正月の時期、安徽省のある農村での事例である。武漢が都市封鎖されたばかりの時期、インターネットなどを通じて都市から伝わる情報は、村民にとっては別世界の出来事で、多くの人々はさして気にもとめていなかったという。この村のラッパは前日まで、旧正月を迎えるにあたり花火や爆竹を控えることなどについて放送していた。ところが市政府による「重大公共衛生事件」の認識を受け、村幹部はラッパによる宣伝の内容を速やかに切り替えた。外出や人との接触を控えるなど、防疫の宣伝に徹したのである。普段から顔見知りである幹部が、地元の言葉で繰り返し説得することで、村民の行動制限は効果を生んだ。

第1章にみたとおり、農村住民もスマホを保有する時代である。にもかかわらず、農村住民にとり、インターネットを通じた政府や都市部の事物はどことなく「よそよそしい」他人行儀な情報なのである。

それにたいし、かつての威信は失われたといいつつも、やはり村幹部がラッパを通じて伝える事物は、農民にとり生活に根ざしたリアリティをもつ。数十メートルの高みから村全体に響きわたるラッパを通じた村幹部の声は、そのまま菜村大隊の権威のみならず、生活に密着した親しみをも象徴しているように思える。

政府の宣伝のローカライゼーションの効果が再評価されてきたのか、一部の地域では近年、「すべての村にラッパを響かせる」（村村響）プロジェクトが進んでいるという。しかし、そのようなラッパが全国50万の村々に普及するとは考えづらい。村にはそれぞれ個性があるからである。

北京菜村は約700世帯、2000人ほどの村だ。華北農村に多い、家々が「ぎゅっ」と真ん中に集中した集村の形態をとっている。大隊のラッパは集落の南西端、数十メートルの高さで聳（そび）える水道塔のてっぺんに取り付けられている。水道塔の地下には深さ200メートルの井戸が掘られており、地下水を塔の上部に汲（く）み上げ、水圧を利用して村の全戸に給水している。このような中央集権的な給水システムが可能なのも、ラッパの効果と同様で、集落が1ヶ所に集中していればこそである。ラッパも水道塔も、「集中」のもたらす産物という点で共通している。

同じ中国農村といっても、南部や西部を中心に多くの地域では広大な丘陵地帯、山岳地帯が広がっており、江西花村や貴州石村ではあちこちに分散した10以上の小集落を集めて「村」が形成されている。このような地域では物質的にも精神的にも、村の「中心」を感じることが難しい。そのような地域ではラッパも水道塔もコストがかかりすぎ、存立する余地がないだろう。同様の原理で、村民の意識のなかでは「大隊」という存在も希薄になっているのである。

「社会主義の優越性」

山東果村に滞在中であった２００６年８月のある日、筆者は「第８村民小組」の組長に昼食に呼ばれた流れで、自宅で話を伺っていた。

再確認すると、「村民小組」とは、かつての人民公社時代の「生産隊」に重なる村内の地域組織である。これが１９８０年代初頭、人民公社解体後にほぼそのまま、村民小組に移行した。ただ、その実質的な役割は地域によってまちまちで、村によっては名前のみが残り、生活の組織としては機能していないこともある。北京菜村はそうした一例である。また別の多くの地域、特に南方では、分散した集落と村民小組が重なっているために、村民小組＝集落、として地元民には感じられている。果村の場合、村民が果樹園を灌漑（かんがい）する際に、村民小組が重要な役割を果たす。そうした意味で、実質的な生活組織でもある。

第８小組組長、付（ふ）さんは、50代くらいの地に足のついた中国農民で、いかにも頼り甲斐のありそうな人物である。村民小組長の仕事は、現地の農家の生産と生活、とりわけ農業に密接に結びついたものが多い。工場に勤めたり、商売をやったりして、なかなか捕まらないような人間では務まらないので、地元に留まり、実直に農業をやっているような人が選ばれる。とすると若い人よりは、在村在宅で農業に熱心な50代前後の男性が選ばれやすくなる。
インタビューの途中で小組長に電話がかかってきた。貯水池の水がほとんどなくなってしまったという。

実はこの日、村の西部丘陵地にある第8小組のリンゴ畑の灌漑が進行中だった。平年、リンゴ畑には三度から四度の灌漑が必要だ。第8小組の場合、丘陵地に建造された小型の貯水池からディーゼルのポンプで取水している。一度の灌漑で、小組の全世帯のリンゴ畑の灌漑を昼夜ぶっ通しで行うが、今回はあと2世帯の畑を残して、貯水池が枯渇してしまった。

どうするか。

このような際、果村全体の丘陵地灌漑の水源である、揚水ステーション（揚水站）の水を購入するしかない。貯水池の水は普段は1時間十数元の油代が必要だが、揚水ステーションから水を引くにはそれに加え1時間20元の電気代が必要になる。こうした場合でも、残された2世帯がこれを負担するのではなく、村民小組全体で平均負担する。

こうした事情を筆者に説明してくれた後、付さんは少し冗談めかしていった。

「これが、社会主義の優越性ってもんじゃ！」

この一言はやや意外で、今でも耳に残っている。

すでに明らかなように、村民小組長は村民生活に最も密着したレベルで黙々と働く人たちである。確かに彼らは、中央から農村の末端に連なる「幹部」の端くれかもしれないが、生活感覚からすれば一般村民の方に近い、というより正真正銘の一般村民である。そういう人の口から、諧謔(かいぎゃく)精神を混ぜ込んでいたとはいえ「社会主義の優越性」という一見してイデオロギー的な言葉が飛び出したことにハッとしたのである。

思うに、彼はイデオロギー的な意味合いでこの言葉を口にしたのではなく、灌漑が間に合わなかった2世帯が、自己負担での灌漑を余儀なくされないような、果村の具体的な問題処理の方法を指して「社会主義」といっている。逆にみれば、果村での具体的な生活のあり方が、「社会主義」という抽象概念を農民に身近に感じさせている。そのような仕組みが存在しているのである。人民公社時代に形成された生産隊という地縁組織＝「集団」が、現在でも生活組織として生きている。筆者がこの村を「社会主義農村の優等生」と名付けたくなったのも、こうした現地の人々の何気ない、それゆえにリアルな一言が胸に残っているからだ。

3　基層幹部——国家と農村の繋ぎ目

縁の下の力持ち

序章にみたとおり、毛沢東時期の中国農村は「自力更生」によって国家の基底部分を支えてきた。その習慣により現在でも、村民と村リーダーはさまざまな問題を自前の資源で解決する知恵を身につけている。2006年以降、政府の農村への資源投入は明らかに増えたが、それでもすべての領域の公共生活の面倒を政府がみることは、中国農村では考えられない。農村の公共的な問題の解決法は、自分たちで工夫を凝らし、自由で形式にこだわらず、逞しく、時にはアクロバティックなアプローチを試みる。

実のところ、今日の村落生活を、縁の下の力持ちとして支えているのは、農村のフォーマル・リーダーである基層幹部である。人民公社がすでに存在しておらず、家族主義の村民たちがそれぞれの発展を目指して経済活動に勤しんでいる今日の農村で、基層幹部は「扇の要」のように、公共的な領域の担い手であるべく期待されている。

ざっくりとまとめると、農村の基層幹部は、三つの関係を同時に、バランスよく処理しなければならない。

第一にフォーマルな政治・行政組織の代表として、上のレベルの政府・国家との関係をうまく処理することである。農村側の政府のエージェントとして、政府が求めてくる任務、かつてであれば計画生育や徴税、現在であればプロジェクト資金の受け入れや貧困削減、農村振興などを担っていく必要がある。

第二に、村落コミュニティの一員として、コミュニティの利益の観点から、種々の問題の解決を図らなければいけない。また、村のなかでの一定の威信を保つように振舞う必要がある。

序章で位置付けた農村のフォーマル組織のなかで「基層レベル」は、社会学的にみれば「顔見知り社会」であると述べた。「顔馴染み」というほど熟知しているわけではないが、誰が誰かということは判別できているくらいの社会圏である。事実、基層幹部ともなれば、村民のほぼ全員を見知っているし、家庭内の状況までをも把握している。ここから、彼ら／彼女らは、国家の代理人として農村の仕事をする際も、村民との間の顔見知り関係を一つの社会的資源として利用し、全人格的な感覚を動員しつつ働いている。それは専門的技能を生かすというような、単純なものではない。

第三に、見落としがちになるが、村リーダー、幹部であっても一般の農民の一人である。ということは、家族主義のなかに生きているということだ。農民の一人として自分自身の家庭や家族を富ませ、子女によい教育を与えていく役割もある。改革開放以降、とりわけ2006年以降のポスト税費時代、経済的なチャンスが増大した時代においてはなおさらである。なんであれ物事にはバランスが大事であるが、農村基層幹部の場合も、政府や公共の仕事だけに邁進(まいしん)しすぎると、身近な家族からの反発が起こるので、注意が必要である。

抽象的な説明にならないように、以下で具体的な村幹部の仕事ぶりを描いてみよう。

計画生育と「話し方」

まず、北京菜村の女性幹部、孫記平の仕事ぶりである。彼女は村幹部の一人として、婦女主任を務めていた。筆者は入村したばかりの頃、大隊のオフィスに寝泊まりし、食事のときだけ記平の家に出向いていた。いちいち大隊との間を往復するのは面倒だからと、筆者が自宅に泊まり込むことを気さくに提案してくれたのである。

2000年前後の北京菜村では、ラッパの放送で計画生育の検査の呼びかけが行われていた。これについては前節で触れた。

「計画生育」といえば、日本では「一人っ子政策」と翻訳される、中国ならではの人口抑制政策だった。序章でみたとおり、1990年代の中国農村では、農家からの農業税や費用の徴収に加え、計画生育の遵守が政権の末端で働く基層幹部の大きな仕事で、国家の政策の遂行は時として村民にたいするかなりの強制を伴った。村民の側からすれば、「金と命を要求される」（要銭要命）状態であり、国策の遂行をめぐってしばしば、基層幹部と村民の衝突が起こった。

菜村の婦女主任である記平は、1993年に村民委員会委員となってからずっと計画生育の責任者としても働いてきた。その仕事については、

「モノじゃなくて人とやりとり（打交道）しなきゃならないから、一番やりたくない仕事だよ」とコメントする。

菜村で計画生育の仕事の対象になるのは、15～49歳の既婚女性で閉経前の500人ほどである。①リング、②ピル、③コンドームの避妊方法のなかから村民がそれぞれ自分にあった方法を選ぶ。

①リングには副作用がある人もあり、一律には適用できない。また1％ほどの失敗率がある。②ピルも飲み忘れなどにより3％の失敗率がある。①の方法をとる者は3ヶ月に一度、その他の者は毎月一度の検査が義務付けられている。

2001年、上のレベルの政府から菜村に許可された生育の指標（出産が許可される人数）は18人だった。指標は新婚の夫婦がどれほどいるかによって決められ、菜村では毎年13～15人ほどのことが多い。実際には、18の枠は10くらいしか埋まらないだろうという。

それでは婦女主任の仕事は楽勝ではないかと思われるかもしれない。だが、問題は計画外の出産、つまりすでに一人を産んでいる夫婦の二人目の出産をいかに防ぐか、という点にある。二人目が許されるのは次のような場合だけ。①夫婦のどちらかが障害者である場合、②一人目の子供が障害者であった場合、③夫婦のどちらかが離婚した後に再婚している場合、④二人の娘が二人とも婿をとっている場合、二人のうち一人は二人目の子供を産むことができる。上記に当てはまらない場合、二人目の出産は認められない。

「二人目を妊娠してしまった夫婦に子供を堕すように説得するときは、『話し方』(説話的方式)がとっても大事なんだよ。言葉遣いに注意して、相手に気を悪くさせないように注意を払うのさ」

堕胎(だたい)を強制するのではなく、たとえば子供を一人だけにすれば、その分、よりよい教育環境を与えられるよね、などと説いて、論理的に納得してもらうのだという。

他の村では、幹部が堕胎の説得にいって村民に殴打されるケースも起きている。菜村で記平が家庭に説得に赴くときには、お茶が出てきたりもする。こういう状況で、お茶でもてなされるというのはよほどのことで、それだけ記平のやり方が支持されているということだろう。

記平は説得のために、口先だけの話術ではなく、普段からの付き合いで蓄積した信頼、評判、いわば自分の「全人格」をかけて国策のために仕事をしていることになる。

菜村と同じ抗庄鎮の管轄内にある小さな村では、人口は菜村の６分の１しかないにもかかわらず、１年のうちに計画外生育が五つも出てしまったという。これは、その村が、菜村ほど経済が発展していないために計画生育が難しいというよりも、やはり責任者の「話し方」が拙かったためだ、と記平はいう。記平がこの仕事を担当してから、菜村では計画外出産は毎年０もしくは１が続いている。

家族主義との角逐

悔しいことに、２００１年は計画外出産が一つ出てしまった。旧正月（春節）前後の検査に来なかった女性がいたのだ。気になっていたが、記平は正月前後の楽しい雰囲気を壊したくなかったので、家まで督促にいかなかった。すると女性はいつの間にか村から姿を消し、数ヶ月経って男の赤ん坊を抱えて戻ってきた（第一子は女の子だった）。

「こうなってはもうアカんわ！」

だが罰金の３万元は払ってもらわねばならない、という。計画外出産には罰金が科される。当時の北京の農村の罰金額は、状況によって３万から５万元ほど、日本円にして約60～１００万円だから、決して安い額ではない。計画外出産が一人でも出た場合、村幹部にたいして罰金が科されるわけではないが、毎年の300〜500元（約6000〜1万円）の奨励金がなくなる。

もっとも菜村の幹部にとり、その程度の経済的損失は大したことではない。いっぽうで、その年の「先進村」、党支部の「先進党支部」、村の党員の「先進党員」、「先進個人」など、政府から与えられるあらゆる「栄誉」がなくなってしまう。県の模範村である菜村にとって、これは確かに痛手である。

人民公社が解体してから、中央政府が明白な形で農村優遇政策に転じるまで、すなわち1980年代初頭から2005年頃まで、中国農村の65万ほどの村々で、記平のような基層幹部が同じような困難な仕事に立ち向かってきたことだろう。

農村を外から眺めたメディアや知識人、中央政府などは、この時期の基層幹部を腐敗しきった悪役、農民の敵として描きがちだった。だが彼ら、彼女らが村民と顔を突き合わせ、自分の全人格をかけて、時には衝突しながらでも働かなかったら、現在の安定した中国社会の到来は想像すらできなかったろう。

時代は移り、農村からの「要銭要命」はもはや国策ではなくなった。現在の政府は農村に種々の補助金を投入するとともに、第二子の出産を奨励するまでになった。基層の村幹部の仕事から、最も気の重かった部分が取り除かれ、村幹部の仕事は多少なりとも「旨みのある」部分も出てきた。この変化についてはのちに触れることにする。

出稼ぎの要らない村に

「できるやつ」（能干）という中国語を聞くと、筆者は自然と、北京菜村の記平のことを思い出す。仕事も家事も料理もバリバリ、テキパキこなす。2001年当時からパソコンを使いこなし、「大隊」の文書作りの業務を大部分、担っていた。毎回、筆者がホーム・ステイすると、その料理を作り上げるスピードに驚かされる。皮からこねて作る水餃子でさえ、彼女の手にかかるとあっという間に出来上がる。

入村当初、筆者は敬意を表して彼女のことを「孫主任」と呼んでいたが、村への訪問を繰り返すうち、同年代の彼女をファースト・ネームで呼び捨てにするようになった。後で聞くと、「主任」と呼ばれることは相当バツが悪かったようだ。

「気にすることはないよ。アタシは農村に育った人間で、ずっと自由に、適当に（随随便便）生きてきたんだよ」

中国北方の女性は概してサバサバしていて、ストレートで裏表がなく、話していて気持ちがいい。加えて記平は計画生育の遂行ぶりからもわかるとおり、事務処理能力と思慮深さを兼ね備えていて、村民の間で人望もある。

1969年生まれの彼女は、野菜専業村である菜村の発展と歩みを共にしてきた。人民公社がまだ存在した1970年代の後半、記平の子供の頃は村の全耕地が小麦畑になっていて、芽が出る季節は一面の緑であった。北京の街から来た客が、「ここは何でこんなにたくさんの韮を植えているの？」といったのを聞いて、記平ら村の子供たちはこっそり笑っていたという。

延慶県城の高校を出た後、村内のガラス彫像工場で働いていたが、この会社がまもなく倒産した。この会社のボスは北京の市街地から招かれていた人だったので、その紹介で北京の同じくガラス彫像工場を何ヶ所か回った。

あるとき、1ヶ月ほども実家と連絡をとらなかったら、母が「記平は誘拐されてしまったのだ……」と毎日泣いていた。母は父に探しにいってちょうだいと懇願したが、父は広い北京でどうやって娘を探し出すのか、と従わなかった。

記平からすれば、手紙を書くのも面倒で、また当時、大隊に一つしかなかった電話にわざわざ連絡することもないと思ったのである。3年間ほどの出稼ぎを通じて、「打工妹」（出稼ぎのお姉さん）や「打工仔」（出稼ぎのお兄さん）というのは北京の人間から差別される存在であると感じた。「特に夜、お腹が空いたときは家のことを思い出して、泣きたくなったもんだよ」という。

村民を「導く」こと

出稼ぎを経験して村に帰郷した記平は、１９９３年から村民委員会の婦女主任となる。中国では村幹部といっても農村戸籍であり、農地を請け負って耕作に従事するという面では一般村民と変わらない。当初はまだ小麦やトウモロコシの畑が多く、ある年には夫とともに23畝（約１・５ヘクタール）の畑を請け負ったこともある。朝暗いうちに家を出て、昼間は大隊に出勤し、夕方はまた畑に出て仕事をする、というきつい生活だった。「だから翌年は請負地を少なくして、大隊の仕事だけにしたら、今度は楽チンすぎて、この年に急速に太ってしまったのさ」と自虐的に笑う。

出稼ぎに出て街の人間に見下されることなく、村に居ながらにしてまずまず高い収入が得られればベストではないか？　これは一人記平のみならず、改革開放初期の菜村のリーダーたちが共通して胸に抱いていた「発展の方向性」である。

そうした意味で、野菜生産を軸とした村の発展戦略の中心にいたのが、１９８３年から２０００年の長期にわたり菜村の支部書記を勤めた何雲潮（かうんちょう）である。

何書記は１９５８年前後の生まれで、初級中学を卒業して兵役に従事し、帰郷後は民兵連長、治安維持主任、党支部副書記などを経て書記になった。菜村に20年近くにわたり安定して強力なリーダーがいたことは重要である。

何は広東から北京に野菜を買い付けに来る商人に渡りをつけ、村に招待して丁寧にもてなし、恒常的な野菜卸売市場を開設した。さらに上のレベルの政府との関係を開拓して補助金を獲得しつつ、市場に保冷庫を建設、同時に村民の間にも野菜作りを奨励してトウモロコシや小麦の畑を徐々に野菜畑に変えていった。ブロッコリーやレタスなど、南方市場向けの野菜作りは、やがて周辺の村にも波及していった。

「以前の村指導部が考えていた発展の方向性は『出稼ぎに出なくていい』ってことで、野菜栽培と野菜市場がしっかりしていれば、村のなかで雇用機会が生まれる。たとえば野菜商人に雇われて野菜の選別をしたり、市場の前に屋台を開いて物を売ったっていいんだよ」

1990年代に菜村が野菜の専業村になっていく過程は、先見の明のある少数の強いリーダーが、あたかも羊飼いのように多数の村民を導き、率いていくイメージである。

「野菜作りと市場を成り立たせるには、（村民を）導くことが必要なんだよ。村のリーダーが野菜作りを奨励しなかったり、野菜商人との関係をうまくつなぎ止められなかったら、あれだけのお金を投資して市場を作ったのも水の泡になってしまう」

この「導くこと」（引導）という記平の言葉は、当時の菜村を象徴する表現として、筆者の耳に鮮明に残っている。それは強制することではなく、かといって自由放任でもない、第三の道である。そしてこのイメージは村民の「大隊」という呼称や、水道塔に取り付けられたラッパから発せられる村幹部の声、そして計画外出産を防ぐために言葉を選びつつ村民を説得する記平の姿にも重なる。だが後述するとおり、やがて菜村は、中央政府や知識界が喧伝していた「村民自治」の複雑な影響を受けるようになる。

村の発電事業

「滅茶苦茶、ぶっちゃけていうとな……」（我非常非常坦率地給你説……）

こう話し始めるのが、山東果村の筆者の兄貴分、池道恵（ちどうけい）のお決まりの語り口だった。ゆっくりした口調である。こちらが外国人であることに配慮するというよりは、基本的に誰にでもゆっくり話す。タバコの量が多く喉（のど）が荒れているのか、ずんぐりとした体躯（たいく）から発せられるその低音は、洞穴に風が吹いているかのような独特の響きがある。

道恵のタバコの香りは、料理に使われる八角や釜戸の煙、さらにはリンゴ畑に肥料として撒かれた鶏糞の匂いなど果村全体を包むいくつもの香りと渾然（こんぜん）一体となり、筆者が果村で過ごした時間の記憶へと連続していく。

山東人らしい山東人といおうか、剛直で気風がよく、隠し事が嫌いで「性格が真っすぐで豪快」（性格直爽）であることを自認している。度数の強い白酒よりも、ビールを得意とし、仲間が何人か集まり卓を囲むと、にわかに「飲め飲め〜!!」と雄叫(おたけ)びを上げ、たちまちのうちに宴会の「磁場」を作り出す。

2002年9月に村を初訪問した際、道恵はまだ村民委員会委員の一人であった。ちょうど定期市が立つ日で、人々でごった返す果村のメイン・ストリートを案内してくれながら、「これは日本からきた田原さんだ!」「田原さんだよ!」と誰彼構わず筆者のことを紹介していた。

今から考えると、当時の中国はまだオープンで、フィールド・ワーカーにとってもよい時代だったのである。

1959年生まれ。18歳で余家郷(よかごう)の高級中学(日本の高校に相当)を卒業後、1978〜79年頃から「大隊」の仕事にかかわるようになった。最初に携わったのは、村が自身で行う発電の仕事。中国農村に電気が導入されたのはおよそ1970年代である。当初は発電所からの電気の供給はないのが普通で、軽油などで発動機を回すことで村々が「自家発電」を始めていた。

果村の場合、早くも1981年には「廠電(しょうでん)」、すなわち発電所からの送電になったので自家発電の必要はなくなった。このタイミングで道恵も大隊幹部となった。

山東省もそうだが、沿海部発展地区の村は、人民公社時代に作られた、自前の工場をもっている場合が多い。創設当時は「社隊企業」と呼ばれ、1980年代の改革後には「郷鎮企業」といわれるようになった。創設当初の村営企業の運営には、村幹部が直接関与していた。のちに1990年代後半に至っては、競争力の弱い企業は淘汰され、生き残った企業の多くも民営化されることになった。

果村最大の郷鎮企業はソファー工場である。道恵は村幹部として、ソファーの原料の木材を求めて黒龍江まで出かけたことがある。人民共和国建国前に黒龍江に渡った同姓の移民がおり、その同姓のつてを辿っていったのである。これが道恵にとって最も遠方への外地経験となった。

ローカル・ジェネラリスト

2000年当時、中国全土には65万ほどの行政村があった。各村に平均して5人の村幹部がいたと仮定しても、300万人強の農村基層幹部が村々の生活を支えていたことになる。数パーセントの従軍経験者を除けば、それらの大部分が、「県」の範囲でその生活経験を完結させてきた人々であろう。高級中学は大多数の県での「最高学府」である。村幹部の大多数は高級中学以下の学歴であるから、県外での生活経験をもたないことになる。その代わり、地元のこと、とりわけ村のことは知り尽くしている。

ちなみにロシアの農村にも「村」があるが、ロシアの村リーダーは多くが大卒であり、徴兵制のおかげで遠隔地での生活経験があり、そもそも当該の村出身でない場合も多い。両国の村リーダーを対比して、筆者は「ローカル・ジェネラリスト」（中国）、「コスモポリタン・スペシャリスト」（ロシア）と呼んでいる。

道恵もそうした「ローカル・ジェネラリスト」の一人であり、「ミスター果村」と呼べるほどに、村の公共的生活の担い手であり続けた。わけても、村のすべての溜池、井戸、地下パイプなど、リンゴ、ブドウ、サクランボの生産を支えるほぼすべての灌漑施設の建設に立ち会って、それらの構造を知り尽くしている。ビジネスなどには手を出さず、果樹生産と村幹部の仕事だけで身を立ててきた。

「ワシは村の『低所得者』じゃ。養うべき老母もおるし、請負地もやっとらんし、大隊の給料に頼るしかないんじゃ」という。

水道代は電気代？

「水道代とは、電気代である」

奇妙に思われるだろうが、果村では、そして多くの中国農村ではこの定理が成り立っている。現地では常識なのである。

現代の都市生活では、水道と電気は、「ライフ・ライン」の代表的な存在であり、孤立した各家庭を外部の行政や市場のサービスに結びつけているイメージである。災害などでライフ・ラインが寸断されると、文字通り生きていけなくなる。

いっぽうで、農村社会にはもともと、ライフ・ラインなどというものは存在していなかった。各世帯、あるいは数世帯で井戸を掘るなどして、自給的に問題を解決していた。政府や自治体、企業の提供する行政サービスには頼らず、生きていくことが可能だった。果村でも、小麦やトウモロコシが主作物だった頃、灌漑可能な農地は限られていたが、人や家畜の動力で井戸から水を汲み上げ、畑に水を入れていた。

それが１９６５年、初めて機械の動力で井戸水を汲み上げる「機井」が導入された。果村大隊の資金で機械が買えるようになったためである。当時はまだ電気がなかったので、軽油で動かしていた。これ一つで数百畝の灌漑が可能となったという。これ以降、灌漑のためには油を購入する費用が必要となった。当時、個々の農家は経営主体ではなかったので、油の費用は大隊が支払った。水道代＝油代の時代である。

２０００年代の当初、果村の灌漑システムには、電気式のポンプで地下水を汲み上げる部分と、軽油の発動機で汲み上げる方式が併存していた。しかし共通しているのは、水自体には値段が存在しておらず、タダであること。地下水は、果村のコミュニティ共有財産として、いわばコモンズとして存在しているから、料金は発生させない。つまり水はいくら使ってもタダであるが、汲み上げるためには電気や軽油が必要となるから、ここには相応の料金がかかる。だからそれが事実上、「水道料金」だ、という発想になる。

鎮政府の農電ステーション（電工組）に支払う電気料金の徴収・支払いをめぐっては、村独自の工夫が凝らされている。果樹園の灌漑に必要となる電気代を、まずは村が電力会社に建て替えてまとめて支払ってしまう。支払ってから、村民に請求する。しかし、電気代を個別農家から一軒一軒、集めるのは面倒で煩瑣な仕事となる。そこで一工夫。果村では独自のやり方、井戸ごとに「徴収請負人」を置くやり方が考案された。

果村を取り囲む平地部の畑は、多くが生食用のブドウを栽培する果樹園となっている。ここでは数ヶ所の井戸が全耕地の灌漑を担当しているが、それぞれの井戸ごとに異なる徴収請負人が配置されている。請負人の決定は、管理権の競売方式による。

水の汲み上げにかかる電気代は、電力会社の設定により1キロワット時につき6・4角（1元＝10角）。この部分の徴収・支払いを、個人に請負わせるのである。請負権をもつのは、その井戸によって灌漑される畑の使用者に限られる。まず1元から管理権の競売を始め、徐々に値を下げていき、一番安い値段で請負うものに井戸の管理権が与えられる。キロワット時につき7・7角で請負が成立した井戸があれば、7・4角の井戸もある。7・7角で請負った場合、1キロワット時当たり7・7－6・4＝1・3角の収入が請負者にもたらされることになる。これが、請負者の仕事のモチベーションとなる。3年契約で、請負に際しては2000元（約4万円）の保証金を大隊に預けなければならない。

こうして、中国農村を知るための「大きな教室」としての果村が私たちに教えてくれることは、農村生活が自律的、自足的であるということだけではなくて、村（大隊）が常に村民の生活問題の解決のために頭を使い、工夫を凝らしている姿である。それは、大隊が水道料金＝電気料金を立て替えたり、徴収請負人のシステムを考えだしたり、村民の水の無駄遣いを注意する村幹部の行為など、村の生活の端々に表れている。それは「集団の精神」とでもいうべきもので、完全な家族主義に流れない農村基層幹部によって体現されている。

ある「老板書記」

甘粛麦村の林（りん）書記は、鉱山経営者の出自をもちながら、村の書記も兼ねている。これは、上のレベルの党委員会からの懇願に折れた結果である。

実は、林書記の人柄に初めて触れたのは、前章で紹介した村民の葬儀の場においてだった。故人の息子で喪主の林根学の家に筆者を連れていってくれ、いろいろ紹介しながら、どんどん写真を撮るように勧めてくれたのも彼であった。ところが彼は、真面目な儀礼の最中もへらへら笑っており、どこか戯けた態度が目立った。柳の枝を杖にして遺族（孝子）が汗だくで歩いている際も、ニヤニヤしながら彼を支える役を担当しており、なんともいえぬ不謹慎な人物だ、との印象を受けた。

林書記は１９７０年、麦村に生まれた。１９８８年前後、18歳のときに村を出て、亜鉛・鉛鉱山で働き始めた。１９９５年より、鉱山経営者となった。最初の段階では他人の営業免許を借用しており、そのため管理費を持ち主に支払う必要があった。２００５年に自らの鉱山会社をもつべく準備し、市安全監督局、国土資源局、商工局など政府部門からさまざまな許可を取得すべく奔走した。２００６年にこれらの準備が完了し、２００７年1月から自分自身の私営鉱山として創業を開始した。場所は西和県の隣県である徽県にあり、鉱山の種類は鉛・亜鉛鉱山である。開業当時は坑道で使用するための車両を60台保有していた。

彼の人生において２００８年は一つの転機だった。鎮政府が彼を本村の書記として任命したのである。鉱山経営者としての拠点は徽県にあったため、彼は後に同県に家を購入し定住していた。以来、自家用車で徽県と実家のある西和県の間を行ったり来たりしている。麦村の家は普段は両親が世話をしている。このように、農村に定住していなくても書記を務めることができるのが、いかにも自由である。

習近平政権の「反腐敗」が始まる以前、政府関係者との人間関係の構築には宴会や贈り物が不可欠であった。林書記も政府関係者をもてなす際、ポケットにはいつも1万元ほどの現金を入れていた。ちなみに中国で一番の高額紙幣は現在でも100元札なので、書記は紙幣を100枚も身に着けていたことになる。鉱山経営者（礦老板）のイメージそのままで、豪快な金の使いっぷりである。

商工局、税務局、国土局、林業局、環境保護局などの人たちと食事をするときには、しばしば1本1280元（約2万5000円）のマオタイ酒でもてなすこともあった。ちなみにマオタイ酒は貴州省の茅台鎮で生産される全国的な銘酒で、偽物が出回りすぎて本物はなかなか手に入らないといわれている。

私的資源による公共建設

麦村では予てから、中心集落の環状道路の建設が話題となっていた。そこで、林書記が旗を振って、沿線の立ち退きや3万元の資金徴収を行おうとした。ところが、村民は、道路整備を自分ごととして捉えず「他人が譲らないなら自分も譲らない」という態度をとり、いったん頓挫した。

この辺の村民の態度は説明が難しいが、前章の「公平さ」に関する議論を思い出してほしい。つまり、周囲を意識しすぎるために、他人よりも少しでも損をしたくない、あるいは少しでも余計な金や労力を出したくないという、毛沢東時代に形成された「公平さ」の感覚がネガティブに作用した結果、村の公共事業はにっちもさっちもいかなくなっているのである。そこで林書記は、計画を柔軟に変更しつつ、自らの所有する重機を無料で使わせ、村民の力に頼らず道路建設を行うことにした。

実は、書記に任命されて実家に帰ることを決断した頃、彼は隴南市政府で要職についていた友人の関係を通じて、中心都市である武都の付近で別の鉱山を開設していた。ところが、創業したばかりのこのタイミングで、同地域が希少動物である金絲猴の保護基地に指定され、採掘活動が不可能になり、この鉱山は閉鎖に追い込まれた。当時購入したショベルローダーは武都の鉱山で採掘に使う予定であったが、２０１１年の段階では村の麦置場に放置されていた。書記は、これを環状道路の建設に無料で使わせることで、資金を最低限に抑えることができた。

さらに書記は、自分の個人的な人間関係（村出身の県幹部のつて）を動員して県政府のプロジェクト資金を引き込み、道路の路面の舗装を完成させた。このように、見かけ上は政府の資金であっても、中国農村では多くの場合、裏のインフォーマルな関係がなければ資金を引き込むのが難しいと思われている。これは多くの場合、真実である。

富者が村を治める

麦村の林書記のような「老板書記」「老板村長」現象は、全国にみられるもので、近年、「富者が村を収める」（富人治村）と呼ばれている。

この現状の背景については、節の冒頭に示した（１）政府、（２）コミュニティ、（３）企業家自身の家族主義、の三方向からの説明が可能である。

第一に政府にとっては、企業家が村リーダーとして働くことで自らの財力を用いて村レベルの任務・建設を進め、時には先に立て替えてくれるので、政府は手を出すまでもなく村民を富裕に導くことができる。彼らは社会的資源に恵まれ、表道も裏道もよく知っている。先述した林書記の道路建設における行動ぶりは、この政府の期待に完全に応えている。

林書記がいうには、鎮党委員会が彼を任命したのは、彼は（富裕な人間として）少なくとも汚職はしないだろう、と目論（もくろ）んでのことであった。ただ実際に県政府が期待するのは、ただ「汚職をしない」というだけではなく、現地の経済発展にプラスの作用を発揮することである。

たとえば麦村と同じ鎮のなかに、川村（かわむら）という場所がある。この村の書記は以前、香港で商売をして富を築いた人間で、県政府直々の任命により、川村の書記となっている。彼は個人的な関係を用いて、新農村建設のプロジェクトを引っ張ってきている。この村の入り口にははっきりと、「新農村の建設には老板の資源を使おう」というスローガンまで掲げてある。

第二に、コミュニティからの期待である。中国農村では概して裕福な村民は尊敬を受け、政治的なリーダーにもなりやすい。自分が裕福になれた（発家致富）ほどの人というのは、村全体を裕福にする最低限の力がある、というふうに目される。逆に貧乏人は馬鹿にされる。自分の家さえも豊かにできないくせに、村を豊かにできるはずはないと考える。

しかし、そうはいっても、現在の農民は自身の利益と負担に過敏になっており、基層幹部が村民と融和的な関係を築くのは容易なことではない。林は書記になってからというもの、「村民たちとの関係が疎遠になってしまった」と嘆く。

「村民の間で仕事をするのは、結構、難しい。俺たち幹部が村民を説得しようとしても、耳を貸さないばかりか、反抗してくる始末さ。農村の人間の素質は最悪だわ」

林の発言のなかでは、村民の「思想が遅れている」「素質が悪い」という言葉が何度も飛び出す。

第三に、企業家自身の家族主義の発展にとり、基層幹部になることはメリットが少なくない。かつてであれば、基層幹部には徴税や計画生育など難易度の高い任務が伴っていたが、現在はこれらの任務がなくなっている。同時に、基層幹部の正式なポストは、政府の各部門に渡りをつけるのにも有利であり、自分のビジネスに有利な政府資源を獲得するチャンスにもなる。

もちろん、浙江省のような発展地域の農村とは異なり、麦村のような西部地域において、有限な鉱物資源に依拠する資源エリートは、その総数が限られている。数が少ないため、公共建設のために私財を持ち出す際の「負担」も重くなる。

村の書記職にたいする年間の補助は、２０１３年に５８００元、14年には７３００元、15年には1万２０００元（約24万円）のみである。しかし彼の家庭の支出額は１万元を超える。彼は三人の子供を大学に通わせており、親世代の世話もある。つまり、農民家族としても「負担が重い」のである。

以上の三方面を総合的に考慮し、林書記はすでに２０１２年、鎮政府に辞職の願いを出しているが、承認は得られなかった。２０１５年2月、再び口頭で辞職を願い出たが、今度も許可されなかった。近頃、不動産関係の友人が年収20万元（約４００万円）になる仕事を持ちかけてきたが、書記の仕事を理由に断らざるを得なかった。

習近平時代の今日でも、中国にはまだ50万の行政村があり、それぞれ同数の村支部委員会書記と村民委員会主任がいる。その役割は、政府との関係（公）、村落コミュニティとの関係（共）、そして市場経済や家庭経済（私）の三つの領域にまたがっている。三つの間でのバランスをとることは、時にとても難しい。

基層幹部の誰もが、本節で紹介したような村落生活の公共的な問題の解決に直面し、内面の苦悩や葛藤に苛（さいな）まれてきた。私たちも、彼らの胸中に想いを馳せることにより、中国農村をより身近に感じることができるだろう。

4　農村ビジネス――みんなのための商売

本章の最後に、農村の公共的な問題が解決される一つのパターンとして、農村ビジネスの可能性に注目してみたい。繰り返し述べてきたように、中国農民の基底にある精神は家族主義である。高度経済成長を遂げた現在、中国農民が家族を発展させようとすると、農業のほかに必ず副業が必要となってくる。出稼ぎは農外就業の典型的な形態といえるが、それに尽きるものではない。すなわち、農村でビジネスに従事する者も出てくる。これは裏側からみれば、農村に公共的な課題とニーズが存在するときに、農民の副業としてのビジネスがそのニーズを満たす可能性があることを意味する。

村の私立小学校

貴州石村は省の西南部、山深い苗（ミャオ）族居住地域に位置する、14の小集落から構成される行政村である。その石村に2015年秋、小さな学校がオープンした。

学校は、寄宿制の私立小学校だという。ホスト・ファミリーの一族で、自分も二人の子供をその学校に入学させたという隆宏陽(りゅうこうよう)からそのニュースを耳にしたとき、筆者は少しだけ奇異な印象を受けた。まず、それまで石村の地元には公立小学校がなかったわけではない。すでに公立学校が存在しているにもかかわらず、なぜ同じ地域に、しかもよりによってこのような山奥の村に、新しい私立学校ができなければならないのか。

次になぜ、小学校なのに寄宿制なのか。中国の農村で寄宿舎を備えた学校といえば、普通は初級中学（日本の中学校に相当）以上である。まだまだ親元にいた方がよいように思える小学生が、石村ではなぜ寮生活を選択するのか？　すぐにさまざまな疑問が思い浮かんだ。

このように極めて辺鄙(へんぴ)な石村だが、村からは多くの大学生が輩出されている。一見すると不思議だが、石村の人々からは、教育を通じて地元を抜け出そうとする、強い執念が感じられるのである。「教育重視の伝統」は石村住民自身が意識し、筆者にも語ってくれた点である。

他方で、山岳地帯では近場に就業の機会がないため、親世代は小学生の子供がいても子供を置いて出稼ぎに出てしまう。筆者によるサンプル調査では、石村の20代から50代にかけての在外就業（就学）率は78・6％にも達する。出稼ぎが多い地域のなかでも、特に高い在外率といえる。石村の村民は出稼ぎなしでは、高度化する現代の消費生活を支えていけない。このように人々は必死で出稼ぎに出て、現金収入を求めざるを得ない。

そこで、両親ともに村に不在の「留守児童」が増える。同時に、子供を留守児童として地元に取り残しながらも、保護者の主観としては決して教育を軽視するつもりはない。地元にいては将来の発展の可能性がないため、子供には、山岳地帯を出ていくことで、運命を変えてほしいと願っている。ここで、教育にたいする若い親世代のアスピレーション（熱意）と、出稼ぎで働き続けることで生ずる留守児童問題の間の矛盾が存在しているのである。

さらにこの矛盾を、既存の公立学校は解決してくれない。一般に、農村の公立学校は、生徒の学習に「責任を負わない」と考えられている。その教員の質も、子弟に「山を出て、高等教育を受け、都市正規部門で就業してほしい」と願う農村の保護者の期待に応えられない。

石村の私立小学校、蘭山書院はこのような隙間に入り込む教育ビジネスとして成立した。住民の期待に応えられない公立小学校に代わり、より自由度が高く、経営者の創意とイニシアティヴが発揮されやすい私立学校が求められていた。寄宿制がとられているのは、留守児童を受け入れるためである。どちらにせよ両親が不在なのであれば、そのまま実家の祖母や祖父に任せておくよりは、宿舎に住まわせ、学校側が児童の生活全般の面倒をみてくれたなら、学習の効果も高くなる。それが保護者の側の期待であった。

こうした地元のニーズに気付いたのが、省都貴陽（きよう）の大学を卒業し、故郷の村に戻った30代の劉和藹（りゅうわあい）である。このように外からの新しい視線で地元を再発見し、ニッチな部分にビジネス・チャンスを見出すことは、農村リーダーとして重要な創造力といえる。続いては、江西花村の赫堂金に今一度、登場してもらおう。

コンバインのある風景

「ファーーーン」

稲穂を垂らした秋の田圃に、田園風景からすればやや意外な、大型兵器のようなエンジン音が響き始める。

「カラカラカラ、ガサガサガサ、ジャラジャラジャララララ……」

機械が水田のなかに否応なく割り込んでいくと、エンジン音には刈り取られる稲と、そこから脱穀された籾（もみ）が鋼鉄の体軀（たいく）の内部にぶつかる音が加わってくる。

２０１１年秋、晩稲の収穫時期に花村を訪ねた。

花村の農業経営の規模は、日本の本州の平均的な農家とさほど変わらないか、もっと小さいくらいだ。家族経営で成り立つ、一枚一枚が小さく不規則な形状をした花村の圃場（ほじょう）に、これだけの大きさのコンバインはやや不釣り合いに映る。それは、集落のなかの4階建てのビルと同様に、初めてみる人に奇異な印象を与えかねない。

赫堂金がコンバインを購入した当初、日本にいた筆者は、あのように小さな区画の田圃でどうやってコンバインを使うのか、畦道の幅が不足しないのか訝しく思っていた。

今回、直接、作業をみて、合点が入った。堂金は畦道など無視して、田圃から田圃へ、畦や溝が少々壊れようがお構いなく、移動しつつ刈り取りを進めていた。溝が畦道を広く隔てている場所は両端に板切れを渡して移動し、移動に必要とあれば、鍬で溝を壊すことも厭わない。

日本の農村であれば田圃の美観は共同で保とうとするだろうし、「まずコンバインが通れる道を修繕してから」となるのではないだろうか。日本各地の農村で、担い手不足を克服するための「集落営農」が行われているが、機械を使うためにはまずは政府の補助金が降りて、基盤整備を行うことが条件となる。ところが、山間地で一枚一枚の田が小さく、そもそも耕地の規模を拡大できない筆者の実家のような地域では集落営農は実施できないのである。日本人の作る細かい規則は、自分で自分の首を締めているようにもみえる。

さて、大人の背丈ほどの高い操縦席に収まり、コンバインを操る堂金の手さばきには余裕が感じられる。堂金の父は助手として機械の脇の部分に乗り込み、収穫された籾が俵に溜まってくると袋の口を紐で結び、随時、地面に落としていく。

堂金が２００９年に購入した初代の大型コンバインは「思達（したつ）」という農機具メーカーのもの。７万元（約１４０万円）で、そのうち政府の農業機械購入への補助金で２万元（約40万円）が賄われた。農機への補助は２００９年からグッと充実したものとなり、このことも、堂金の決断を後押しした一要因だ。農機補助は、メーカーが顧客にまずその分割り引いて販売し、あとで各企業が政府に申請を出す方式である。筆者も「弟分」のコンバイン事業に、日本円で30万円ほどを出資した。

中国農村では、おめでたい門出の出来事があると、爆竹を鳴らし、酒宴を開いて祝賀するのが常である。新築家屋の「棟上げ」や、子弟の大学合格など、あらゆる機会に祝宴は開かれる。新しいコンバイン事業のスタートも同じだ。そんなとき、客に招かれた側は爆竹を手土産に持参する。堂金の家でも、盛大とまではいえないが、７卓の酒宴を開き、爆竹を鳴らして門出を祝った。一卓で８人なので50～60人ほどの客を招いたことになる。費用は３１００元（６万円強）ほどかけた。

商売仇の出現

ところで、同じ時期に、同じ花村集落でコンバインを購入した者がいた。村長の三男坊と、その仲間の賽英（さいえい）である。ここでいう「村長」とは、集落の村長であり、村民小組長に近い。

行政村の村民委員会主任のことではない。

同じ集落で一度に2台のコンバインが出現したため、堂金との間に顧客の取り合いが生じた。互いに火花の飛び散るライバル関係となった。稲の刈り取りサービスの相場は1畝当たり70元のところ、村長の三男坊は、「あなたとは近い関係だから50元でやってあげましょう」、などと甘い誘いで顧客を確保した。堂金の方は関係の親疎にかかわらず、一律60元とした。その結果、客は相手に奪われ、花村集落内部の顧客は三男坊にとられてしまったので、集落外の顧客を狙っていくほかなかった。

むしゃくしゃして、三男坊をしたたかに殴打してやりたい気持ちから逃避する意味もあり、2009年の晩稲の収穫が済んだ11月、堂金は福建に出稼ぎ中の妻のところへいって冬の間、働いた。この間、5キロ以上、太ってしまった。

コンバインによる刈り取りサービスは、大量の青壮年が都市で働く「出稼ぎ経済」が伝統的な小農社会に浸透することによって生じた、新しい「隙間」に乗じた農村ビジネスである。花村村民たちは、刈り取りをビジネスに委ねることで、農作業のために帰郷することなく、出稼ぎ先に留まり現金収入を最大化することを選ぶようになった。出稼ぎ先で余計に稼ぐ給料の一部が、刈り取りサービスのビジネスに流れる。

過去から受け継がれてきた田圃のうえでのことではあれ、「ビジネス」であるからには、経営の戦略、アタマがいる。生業的な小農では昔からの慣習が大きな部分を占めるが、ビジネスでは、利益の最大化や、リスクの最小化など、コンバインを動かしながらも考え続けなければならない。

　堂金という男は、こうしていつも自分のビジネスについて考え続ける性分である。２００９年は、他人のために耕耘機（こううんき）やコンバインでのサービスの提供を主としていたが、翌年は自分自身で35畝の田を請け負うことにした。さらに翌年は自分で耕す面積をさらに拡大し、１００畝くらいにしたい。最初から自分で多く田を請け負っておけば、顧客を獲得するのにあくせくせずに済むからだ。

　２０１０年３月の時点で、前年、堂金に収穫をさせなかった者（つまり村長の三男に収穫を頼んだ者）も、手のひらを返したように耕耘を依頼しに来ている。こうした相手にたいし、堂金は「他を当たってくれや……」といったんはつっぱねている。耕耘機をもっている商売仇の連中の良心がいかほどのものであるか、顧客である村民たちに、まずは感じてみてほしいからだ。

　花村村民の赫龍党も耕耘機をもっているが、彼などは泥が深くて作業のやりにくい田の場合、あっさり断ってしまう。しかし農村のビジネスに限らず、商売というものは結局、人である。こういう、他人がやりたがらないところに食い込まなければ、長期的な事業にはなりはしない、と堂金は考えている。

「今に見とれや!」

黙々と機械を操縦する堂金の背中は、そうした未来を信じるオーラに満ちている。

外来戸で、他を見返してやりたい堂金だけでなく、2000年代の江西花村では、小さなイザコザはありつつも、とにかくみんなが前を向いて歩いていた。

本章のポイント

以上、本章では、中国農村での公共的な問題の解決メカニズムに迫るうえで、定常的な組織というよりは、むしろリーダーの役割を演じる具体的な人物に即しながら眺めてきた。より詳細にこうした事例を知りたい読者は、小著『草の根』を参照されたい。章の締めくくりに、三つだけ、ポイント的に指摘しておきたい。

一つは、公共的な問題の解決をめぐって、中国農村では、たとえば日本の消防団のような、特定の目的のために作られた定常的な組織、あるいは「○○委員会」のようなものが存在するとは限らない。日本の農村社会を理解するには、成立している組織を追っていけば、生活上の問題解決のメカニズムを大体において理解できるかもしれない。いっぽう中国では組織は看板だけであることも多い。問題の解決のされ方は臨機応変で流動的であり、たいていは鍵になる人物個人のイニシアチブが大きく働く。政府の資金、権威に依存する場合も、農村リーダーがそれらを主体的に引き込んでくるのである。

もう一つは、一部の問題には村民が「積極的に」参与しているとは限らない。麦村の林書記にみられたとおり、村民の協力が得られなくてもリーダーが請け負って解決している場合もある。つまり、結果オーライの世界である。

三つ目は、一部の公共的な問題は、堂金の農業サービスのように、家族主義の延長線上にある、ある種の「市場メカニズム」によって解決されることも多い。「農村ビジネスの公共性」という主題をめぐっては、今後、大いに研究していく余地がある（古川「高齢者福祉の行方」）。

このように、組織的な意思決定や全員参加などにとらわれず、自由でかつ逞しいのが、中国農村の公共生活である。こうした逞しさは中国農民が辿ってきた歴史的経緯の賜物（たまもの）である。また次章にみるように、臨機応変な結果オーライの世界は、家族主義の農民を日常的に経済活動に集中させ、「脱政治化」する。このことが、現在の中国の政権の特質にも深くかかわっている。次章では、大国の内政と農村の関係につき、考えていきたい。

コラム2 「歓迎!」「乾杯!!」「再見!!!」

酒の応酬を伴う酒宴というのは、どちらかといえば非日常的であって、政府関係者、幹部、商人、外国関係者、何らかの社会的上昇を企図する人々に親和的である。こうした酒宴は、ホストとゲストの関係を実質的に強めるのに一役買うこともあるが、場合によって意外な使われ方をする場合もある。

以下、思い出話を一つ。

2003年の夏、筆者は山東省の農村に調査地を開拓するため、煙台市の政府系研究機関の友人のつてでいくつかの候補地に数日ずつ滞在して回り、それぞれの村の感触を得ようと試みていた。三つ目の候補村として、煙台市内の牟平(むへい)区にある村を訪れたときのことである。市街地にも近く交通も便利で、村営企業が発展し村組織と企業が一体化したタイプの村だった。昼間、村の幹部は筆者に村の概況を紹介してくれ、その夜には数人の幹部が歓迎の宴を催してくれた。

いざ乾杯！

宿泊先となった村営宿舎の食堂で開かれた宴会は盛り上がり、幹部たちの杯は進んだ。この調査はうまくいくのではないか。おのずと筆者の期待も膨らみ、希望に胸を膨らませつつ、幹部たちとの友人関係を固めるべく、乾杯、返杯を繰り返した。そのうち、誰もがグデングデンに。幹部の一人は怒り上戸だったらしく、料理にケチをつけるために厨房(ちゅうぼう)に出向き、コックを罵り始め、混乱のうちに宴は幕を閉じた。

翌日。

村の宿舎の部屋で目を覚ました筆者は、本格的な調査の案内をしてくれるはずの人員が迎えに来るのを待ったが、数時間待っても誰も現れない。誰かいないか、建物のなかを探してみるが、人影は見当たらない。仕方がないので一人で外に散歩に出た。しばらくぶらぶら道を歩いていると、昨夜、ベロンベロンになってコックを罵倒していたあの幹部が、自分の畑にでもいくのだろう、ケロリとした顔で荷台付きの電動三輪車を運転しているのに出会った。こちらが会釈しても、特に悪びれたふうもなく通り過ぎていってしまった。

鈍感な自分にも薄々わかってきたのは、昨夜の酒宴は外国からの闖入者(ちんにゅうしゃ)に協力する、という意味ではなかったということである。中国の、少なくともその官界での文化的コ

ンテキストには、

歓迎!→乾杯‼→再見!!!

というコースがあるらしい。こちらも相手の意を察する必要があるのである。

村幹部の側としても、筆者の滞在は煙台の機関から、知り合いの人間関係で依頼されたので無碍（むげ）に断ることはできない。このようなとき、中国の官界に生きる人は、相手の面子も考えて形式上、いったんは引き受ける。しかし実質的にこの件を援助する余裕も、その気もないとき、大宴会で形式的な歓迎を表明しておけば、相手の本意を察した客人も、気持ちよく引き上げてくれよう。その意味で中国官界の宴会には、表向きの賑（にぎ）やかさの裏に、言外に秘められた意味があるのである。村幹部も含め、現代の「官場」に生きる人々は、腹芸に長（た）けた役者であり、タヌキである。

このように、進んで失敗しようとする人はいないだろうが、現地調査ではえてして失敗してしまった経験から学ぶことも少なからずある。

第3章　なぜ村だけに競争選挙があるのか？——農村をめぐる政治

ここまでで、バラバラで自分勝手にみえる家族主義者の農民たちの姿、そして、逞しく自力更生の道を歩み、リーダーたちを中心に結果オーライで公共的生活を成り立たせてきた村の営みについて理解できた。それでは、このような農村の姿は、中国の政治全体にとってどのような意味をもっているのだろうか。重要な一つの事実は、中国の政治システムのなかで唯一、「競争選挙」が発生し得るのが、末端の村のレベル、村民委員会選挙（序章参照）だということである。このことは何を意味するのか。

この章では、農村選挙を一つの小さな切り口として、「中国政治」という大きな対象を逆照射してみたい。

1　農村に接ぎ木された「民主」

投票日の情景

1990年代から2000年代にかけて、中国農村の「村民自治」や村民委員会選挙が内外で注目を集めた。中国の学界でも農村、ひいては中国社会全体の民主化の可能性を探るという意味で、農村研究が一時期、流行のようになった。

しかし畢竟(ひっきょう)、中国農村にとって民主的な価値とは完全に外来のもので、「選挙」などもいわば舶来品。人々の暮らし内部の論理から生まれてくるものではないから、政府が選挙をやれというなら、まあ形式的に従っておく、その程度にすぎない。形式は形式で奉っておき、実生活の向上にこそ勤しむのが中国農民の得意とするところで、そこには諧謔(かいぎゃく)の精神も介在してくる。

2002年12月のある日、北京菜村の「大隊」のラッパからは、郷・鎮人民代表大会選挙の投票への参加がしきりに呼びかけられていた。人民代表大会は議会に相当し、郷・鎮レベル、県レベルが住民の直接選挙となっている。村民委員会の選挙とは別物である。今回の選挙は4人の候補者のうちから3人を選出する。落選者が出る方式なので、全員が当選する

「同額選挙」にたいし、「差額選挙」と呼ばれる。

大隊1階のロビーに机を並べてそこが記入場所となる。正面に投票箱。選挙広告、選挙人名簿を含め、すべての表示は赤い紙に黒い墨で書いてある。選挙民は「選民証」を持参し、左側の机で投票用紙を受け取り、候補者を承認する場合は丸印を記入し、正面奥の投票箱に入れる。

興味深いのは、寒さも関係しているのか、家族の選民証を持参して「代理投票」を行う者が非常に多いことだ。村幹部の孫記平が受付をしているところへ、夫の懐（かい）さんが投票にやってきた。記平は、「ついでにお父さん、お母さんの分も投票しておいて」といって懐さんに記名、投票させる。

午前中に投票を終えた後、お昼の夫婦の会話では、「どの三人を選ぶべきか」という話になった。記平の方がいう。

「（投票者を）誘導する」

「そんなことができるのか」と懐さん。

「さっきは私がいったとおりに丸をつけてくれたじゃないの」

「そうか……」という具合であった。

用紙の欄に丸をつけるのは、幹部たちが控えている目の前で、何の仕切りもないところでやる。誰に丸をつけるか迷っている者がいると、幹部らは「助言」の形で誘導することができるというわけだ。

これが民主?!

菜村党支部副書記の王風剛は、2001年の段階で筆者に次のように語っていた。

「今の農村はどんどん『民主的』になってきた。まるで村組織が存在しようとしまいと変わりないようじゃないか。たとえば土地の『三十年不変』の政策があるが、それでは村幹部は何をすればいいんだ？」

「三十年不変」とは当時の中央政府の政策の主流で、土地請負権を長期にわたり農民に保証する政策である。菜村の場合、村内の畑のかなりの部分を村民にリースし、1年ごとに流動させるという柔軟な土地の運用を行ってきた。だから中央政府の新しい土地政策は、結果として村幹部らの独自の発展戦略を邪魔することになる。

王は続ける。

「もともと村幹部の役割は、上のレベルと村民との仲介役だった。ところが最近はどんどん基層組織を弱体化させてきている」

「村民が民主的に村幹部を選ぶということだが、十数年来の経験でいえば、一つの村に安定した指導部がなければ、この村が発展することは非常に難しい」

「たとえば3年間、村主任として市場を作るために投資をした人が次の選挙で辞めさせられて、次の主任が前任の仕事を無視して自分はビルを造る、などといって建設をはじめ、20階建てのビルを10階まで作ったところでまた任期が来て別の人に交代する、ていうんじゃあ、不安定極まりないじゃないか」

「我々の菜村が発展できたのは、何書記が1983年から始めて20年近くも書記を務め、一歩一歩、連続的に発展させてきたからじゃないか。もしもこの間に5人も書記が代わっていれば不可能であったはずだよ」

「最近、鎮の会議に出て聞いた事例だけど、200～300戸の小さな村で、村民委員会委員の定員は5人しかないのに、なんと49人の委員を選出してしまったところがあるそうだよ」

王は「片腹痛いわ」、といわんばかりに甲高い声で笑い出した。

「これが民主?!　え?!　いったいこれがホントの民主?!」

次の瞬間、真顔になると声を低くして、いう。

「ダメだ！　必ず（権力を）『集中』しなきゃあいかん。『集中』じゃなきゃあいかんのだ」

（不行！必須得集中，必須得集中）

「民主」の波

「集中が必要だ」と述べていた王風剛ら幹部らの意に反し、「民主」の波は密かに菜村に忍び寄っていた。2004年の前半に行われた村民委員会選挙は、菜村のリーダーシップにとって重要な分水嶺となった。この回の選挙以来、候補者が大量に立候補し、村幹部が頻繁に交代する現象が起こり始めた。「民主的」になりすぎてしまったのである。

当時、村の有権者総数は1440名。1回目の投票で有権者が直接、候補者を決定する「海選」と呼ばれる方式で投票の結果、村主任候補者がなんと160名、副主任候補者が280名、委員候補者は400名もの名前が挙がってしまった。誰もが周りの親戚や友人から票を集めた結果、もともとの村委員会主任、副主任、委員3名が全員落選する結果となった。

初当選を果たした五人の新人はいずれも党員ではなく、村の政治に参加した経験もなかった。新村長の宋(そう)は、かつて大型トラックを用いての野菜の運送業で財を成したいわゆる経済エリート(経済能人)型の人物である。選挙に打って出たが、選出されなかった人々による陳情行動や訴訟を引き起こし、混乱を深めた。こうした状況は、「大隊」が威信を有していたかつての菜村からは想像もできない事態だった。

同時期、北京市全体の政策的環境が変化しつつあった。記平ら地元の関係者によると、北京当局は2004年頃を境に「村民自治」を積極的に推進し始め、より多くの村人が村レベルの業務に参加できるよう呼びかけた。加えて大きな変化は、この回の選挙以降、村幹部の給料が「国家財政」から支給されるという変更だった。それまで村幹部の手当は村自前の集団収入から支出されていた。そこから幹部になることはある種、「生活を保障される」ニュアンスをもつようになり、村幹部を目指す者が増えたのである。

ここから菜村と同様の現象が北京の村々で広く発生した。王風剛によれば、北京全体の農村で2004年の村委員会総選挙で選出された村主任は、経済エリート的な人物かヤクザ者（痞）タイプのどちらかである。延慶県の376の村のうち、少なくとも300の村でそうした状況が当てはまるだろうという。

記平の落選

婦女主任として着実にキャリアを積んできた記平も、この2004年の選挙でまさかの落選を喫した。模範村である菜村の有能な女性幹部落選の報を聞きつけて、県長を始め多くの上のレベルの指導者が「見舞い」にやってきたほどの事件だった。

新しく当選した婦女主任は票集めの選挙運動をやっていたが、記平の場合は勧められても、これまでどおりそうした活動は行わなかったのである。記平にはまだ共産党村党支部委員としてのポストは残っていたので、引き続き大隊で働き、新主任に仕事を教えることになった。新主任は仕事振りを監視されているように感じて、親や叔父に頼んで、記平を辞めさせるように圧力をかけてきた。新しい婦女主任にたいして記平の側は何のわだかまりもなかったが、向こうは記平がまだ大隊にいて仕事をしていることに酷くプレッシャーを感じており、記平宛の手紙を長期にわたって隠すなどの嫌がらせを行った。

2007年の村民委員会選挙では、菜村でもついに「ヤクザ者」タイプが村民委員会主任に選出された。かつて村幹部と大喧嘩して流血の惨事を引き起こしたこともある人物である。このほか、当選した幹部たちは、「全く学歴のない」、小学校卒業程度の、字を書くことさえおぼつかない連中であるから、彼らだけでは仕事は立ち行かないという。

大学生村官

同時にこの回の選挙に前後して、いわゆる「大学生村官」が村民委員会の活動を支援するために村に入り始めた。大学生村官は国家プロジェクトで、大学卒業生を一定期間、農村に派遣し、村幹部の助手として働かせる措置である。北京の場合、各地の村が「民主選挙」のためにガタガタになっているのを知っており、それをカバーする意味で大学生村官をもって実務をサポートする政策を始めた、と記平はみている。4人の「村官」はすべて延慶県出身の学生で、中国農業大学の卒業生だった。

　2008年9月、7度目の訪問を果たした筆者は、村のいたるところに「緑化」の取り組みがみられることに気付いた。もともとの荒地は柳の枝がたおやかになびく公園に変わり、家々の並びには色とりどりの花が植わっていた。当時、これらのロマンチックな作為が「ヤクザ者」のイメージと結びつかず困惑したものだが、その後、年若い「村官」たちのアイデアだと聞いてストンと得心した。

　2010年6月の選挙では、前述の方針が変更され、村民委員会主任をできる限り村党支部書記に兼任させる「一肩挑」（一人の肩で担ぐ）が奨励されるようになった。これは、北京当局が以前の過度に「民主的な」路線を調整し、再び「集中」の方向に舵を切ったためかもしれない。この政策転換に応じ、菜村の党書記もこの選挙に参加した。「一肩挑」を実現するためには、書記が村民委員会選挙で主任にも当選しなければならない。ところが前村主任の「ヤクザ者」はそうはさせじと活発な選挙運動を展開した。票の買収に50万元ほどを費やしたといわれるが、これが功を奏して村長に再選された。敗北を喫した党支部書記は面子丸潰れとなり、村主任とは険悪な関係となった。こうした経緯があり、2011年の段階で、菜村の指導部は党支部側と村民委員会側が対立し、ギクシャクした状態が続いていた。

　第2章で紹介したとおり、「出稼ぎに出なくても済むように」というのが、野菜専業村である菜村の、過去のリーダーたちの発展シナリオ（発展思路）だった。そのために、県政府や商人との関係を重視し、力を集中して村民を「導いて」きたのである。ところが「村民自治」の再強調は、リーダーの頻繁な交代をもたらしてしまい、せっかく築いた関係ネットワークは失われてしまった。

記平はラスト・チャンスのつもりで2007年の選挙に挑んだが、再度、落選する。そのあとは大隊の仕事をすべて辞し、延慶県城の一般企業で働き始めた。村のために仕事をしてきた有能な幹部が、「民主」の名の下に、村を混乱させる選挙によっていとも簡単に放り出されてしまう。「みんなのため」に働いてきた彼女の意識は、大隊から離れるにつれ急速に「自分のため」「一人息子のため」に収縮していくようであった。

道恵の落選

前章でも登場した山東果村の村幹部、池道恵も、北京菜村の孫記平と同様の運命を辿った。2005年の村民委員会選挙で落選したのである。

果村の村民委員会委員の定数は三つしかない。村民委員会主任に当選したのは共産党支部書記を兼ねる池人会（ちじんかい）、副主任は「一族が大勢いる」とされる姚（よう）さん、もう一人はもと村営企業であった段ボール工場の経営者である。

このように、経済的に優位にあるビジネスマンが村のリーダーになる現象が、特に2000年代に沿海発展地域に広がった点については、前章ですでに触れた。のちの2014年に果村で村主任に当選した池耀偉（ちようい）も、完全にビジネスマン・タイプの人物である。

耀偉は地元の高校卒業後、広東省にいた親戚のつてを頼って、ビジネスを始めた。海産物や繊維などを扱い、2000年からは高圧電線を地中に埋める工事を請負う会社を経営していた。浙江省に7〜8年、四川（しせん）省に3年ほど住み、外地経験が豊富である。いっぽう、道恵のような純農村タイプの幹部は徐々に、淘汰（とうた）されるようになった。その境目は2005年前後だと思われる。

村民委員会の選挙が一時的であれ、村の安定を揺るがす現象は、北京菜村と同様にみられた。果村でも2005年の選挙後、村の政治生活は混乱した。まず、村主任に当選したはずの池書記が辞職してしまった。その煽（あお）りを受けたのか、姚主任など他の幹部も「大隊」のオフィスに出勤しなくなり、時折、段ボール工場の経営者が出てきているだけとなった。処理せねばならない問題が山積し、一時は、有料の請負地のリース料の徴収もできない状態となった。

2 政治家か官僚か

基本的な社会的亀裂――「官」と「民」

中国の農村選挙の何が問題なのだろう。M・ウェーバーは『職業としての政治』のなかで、次のように述べている。

「官吏である以上、『憤りも偏見もなく』職務を執行すべきである。闘争は、指導者であれその部下であれ、およそ政治家である以上、不断にそして必然的におこなわざるをえない。しかし官吏はこれに巻き込まれてはならない。党派性、闘争、激情――つまり憤りと偏見――は政治家の、そしてとりわけ政治指導者の本領だからである。政治指導者の行為は官吏とはまったく別の、それこそ正反対の責任の原則の下に立っている」

ここでは官吏と政治家が、明確に異なる二つの人間類型として提示されている。ところがお気付きのように、中国（農村）では、両者は渾然一体となっている。官吏か政治家かという区別の代わりに、「官」であるか「民」であるかという点が重要なのである。たとえ選挙で選ばれていても、「代表」あるいは「議員」という意識が希薄である。「党派性、闘争、激情」などによって裏付けられる「政治家」は、中国では不在であるようにみえる。

二つの側面から説明可能である。

第一に、村民委員会の委員は、選挙によって選出される。が、よく考えるとこれら委員は純然たる意味での「村会議員」ではない。委員らは、形式的にいっても行政の系統、すなわち執行機関に属している。つまり、中国農村では「行政スタッフ」を選挙で選んでいるのである。ここから、村民委員会委員は議員（代議機関）と官僚（執行機関）が融合した特質をもっている。これは、科挙制度を通じて「官」を選んできた中国の伝統を考えると多少は理解しやすいものの、選挙区の利害を代表する「議員」のニュアンスからはかなりの隔たりがある。国際的にみるとやはり特殊である。

第二に、直接選挙で選ばれようが選ばれまいが、中国社会の文脈では結局のところ「官」か「民」か、という区別の方が重視される点である。外部観察者のなかには、村内の党員のみによって選ばれる党支部委員と村民の直接選挙で選ばれる村民委員会委員を、明確な機能的分業関係をもった別組織というふうに考える人がよくいる。しかし、実態としては、党支部のリーダーと村民委員会のリーダーは人的にも重なっている場合が多く、村民の目からみれば、どちらも「村幹部」すなわち「官」であることに変わりはない。

村民はこれらリーダーのことを、時に羨望（せんぼう）と皮肉の入り混じった複雑な意味を込めて「当官的（ダングァンダ）」と呼ぶ。江西花村の赫堂金が、俺は「当官」などしない、といっていたのを思い出してほしい。甘粛麦村の林書記が、「書記になってから、村民と疎遠になってしまった」と嘆いていたのも、逆の立場からの同じ感触である。「官」は政治家と違い、人々のなかに飛び込んでいって支持を取り付けるのではなく、一般人から遊離して、私利を貪る階層、という意味で捉えられてきた。

中間集団の不在

このように、中国（農村）には特殊な社会集団として「官」だけがいて、「代議員」や「政治家」に当たるような人間類型が存在しない。なぜだろうか？

一つには、政治家が生まれるためには選出される母集団のようなものがはっきりしていないといけない。しかし、中国の場合、それがはっきりしない。「人民代表」といわれる人たちも、自分たちがいったい何を代表しているのかがよくわからず、ただ漠然とした名誉職といった意味合いが強い。先に触れた郷・鎮人民代表の選挙では、菜村からは野菜作りの名手、趙おじさんが選出された。彼の場合も、何らかの社会集団を代表して選ばれているわけではない。

例外的と思われるケースもある。たとえば一つの村のなかで主な宗族が、張、李、王と並び立って勢力が拮抗しているような場合である。その際に、党支部書記を張姓、村民委員会主任を李姓、その他委員を王姓などのようにバランスに配慮して、村リーダーを形成している場合があり、「均衡型村落ガバナンス」と呼ばれる（梅「均衡型村治」）。こうした場合には、幹部たちはそれぞれの姓を代表しているという意識が多少はあるかもしれない。しかし難しいのは、各姓の利害関係は常に変動しているのが普通だし、それぞれの村幹部は同時に自らの小家庭の利益も考慮しなければならないので、大家族（宗族）の利益を常に優先するわけにもいかない。

藩政期より地縁的な村落が強かった日本では、明治以降、農村に選挙が持ち込まれた際、江戸時代の藩政村が複数個合わさって形成された市町村議会の選挙では、ごく自然に「部落推薦」というインフォーマルな慣行が出来上がった。これらの議員は、旧藩政村をベースとした「部落」を挙げての推薦により当選していた。ここから、それぞれの地縁的な部落を「代表」して議員になった意識をはっきりともっていた（春日「部落推薦」）。地域を代表して市町村議会の議員になる発想は、日本では、現在でも色濃く残存していると思われる。

実のところ、政治への関心と参与意欲は、自分たちの政治的利害を代表してくれるような「中間集団」が存在しないと育ちにくい。序章で簡単に位置付けたように、中国では、①古代においてすでに封建制度は終焉（しゅうえん）を迎えており、その後は封建的な領土そのものが存在しなかったことに加え、②地縁的な「共同体」も存在してこなかった。人民公社が共同体的な意識を醸成した地域もあったが、「血の流れ」に基づく家族主義を超えられるような、農民の地域的利害を束ねるような中間集団は、北京菜村や山東果村のような「大隊」を除けば、大きなレベルでも小さなレベルでも、ついぞ形成されることはなかった。しかも、既述のとおり、村より上のレベルで競争選挙は発生しないので、村が中間集団となるチャンスはない。ここからも、中国農民が政治的な主体とはなり得ないことがわかる。

よみがえる「封建」論

皇帝が中央から派遣した官僚を通じて統治を行う、「一君万民」的な中央集権体制が郡県制である。だとすると、封建制度を残し、そこに中間団体的な働きを期待すると、封建領主がある種の「代表」となり、代議制が機能する。

このような議論は清初の思想家、顧炎武（こえんぶ）（１６１３～82年）の封建論にみられる。これは、郡県制度の統治組織の末端である「県」に、封建の要素を取り入れるというものだった。そのうえで、直接民治に当たる県の長官の権力を重くして、これを世襲とし、土着勢力と一体化させる。その下で働く地方官僚も、その土地の土着の有力者を県令自身が任用できるようにし、地方自治体的にするという（増淵『歴史家の同時代史的考察について』）。

清末の学者、馮桂芬（ふうけいふん）（１８０９～74年）も太平天国軍の侵攻から郷村を守ろうとした在地郷紳による団練を構想した。「団練」とは民間の自警組織で、自ら壮丁を集め、匪賊の襲来を防いだり、太平天国のような反乱が生じた際には政府軍と呼応し、その波及を抑えたりしたものである。顧炎武に近似した一種の地方自治論・郷村自治論ともいえ、地方官僚の本籍回避の制の害を指摘していた。科挙制度の運用では、中央から派遣される官僚が地元勢力と癒着するのを避けるために、出身地での任官が回避され、また短い期間で転任する仕組みがとられていた（不久任制）。

顧炎武や馮桂芬の在地郷紳層を主体とする郷村自治的・地方自治的「封建」論は、議会制度導入を目指す清末の変法論に有力な根拠を与えたとされる。代表的な論客である康有為（1858～1927年）は、「議員を選挙せしめて、公議せしめ、公民による地方自治を許す」と述べる。

ところが、より冷めた見方をもっていたのが、思想家の章炳麟である。章は、「代議政体は封建制の変形」であるから、封建制の遺習の残っていない中国で、代議制の実施は不可能だと主張した。

封建の世においては、それぞれ今日の県に当たる程度の狭小な地域に諸侯がおり、諸侯はその狭小な領地に多数の官を置いていた。章は「立憲制を実施して貴族・庶民の身分的差別を残すよりは、王者一人が権力をもっていた方がよい」という。その理由は、統治が大雑把になり、人民は国家の支配から逃れる余地が残されるからである。「名は専制でも実は放任」。代議制の実施は、人民の圧迫者である土豪らに、法的にも保護を与えてしまうことになる（虎に冠を与える）。郷紳は民の抑圧者だから、地方自治論は真の意味で民権を伸ばすものでなく、それを抑圧するものとなる。

さらに章は、1908年、「代議制は是か非か」と題する一文のなかで、議会制がむしろ身分制と相性がいいことの指摘を行っていた。

「代議政体は封建制の変形である。（中略）漢代までは封建時代からまだ近かったので、昭(しょう)帝(てい)は塩・鉄の官営政策の廃止について、郡〔皇帝直轄地〕国〔諸侯支配地〕の賢良・文学に意見を出させた〔前八一年〕。これらはみな国会にほぼ似ている」

昭帝とは前漢第8代皇帝で、郡国より賢良文学の士をあげて民の苦しむところを察し、民力の休養と充実に努めた。「賢良文学」とは漢代、人材登用の目的で郡国から推挙させた学問才徳ある者を指す。さらに章は以下のように続ける。

「以後今まで約一千五百年を経たが、論者は大昔に復帰して、それに西洋の立憲制を結びつけようとする。凡庸な者は軽々しく日本を模倣しようとする。かれらは、西洋と日本が封建時代から近く、中国が封建時代から遠いことが分かっていないのである」

章が日本や西洋との対比において、自国の「社会構造」を自覚していた点が興味深い。

議会制と身分制

このように、議会制というものは、むしろ封建制や身分制と相性のよいことに、章炳麟は気付いていた。それは、身分というものが中間集団として働き、人々の間に、「自分たちの代表を議会に送り込みたい」という意識が働くからである。

中国は封建的な身分制や自治村落など、安定的な中間集団として働き得る要素を早くから失っていた。また、商人や手工業者のギルド（職業団体）のような組織も「規制もしないが保護もしない」性格をもち、仮にあったとしても構成員を代表することができなかった。したがって、個々の家族らは自家から官僚を出すべく努力するか、官僚となった人、あるいはそこに連なる有力者と個人的なつながり（帮の関係）を結ぶ、という戦略をとるしかなかった。

このように代議制が優位に働くような条件はなかったにもかかわらず、それでも、清朝末期には科挙制度が廃止され、諮議局の選挙が行われる。

中国で代議制を実施することに疑問を抱いていた一人として、清末の挙人（科挙の「郷試」の合格者）、劉大鵬（１８５７～１９４２年）がいる。彼は１９０５年の科挙の廃止後、山西省太原県諮議局議員、山西省諮議局議員などを歴任し、１９１１年の辛亥革命後は太原県議会議長を務めた。劉によれば、彼自身を含め、当時の中国人には人が人を「代表」するということの意味がさっぱりわからなかった。とりわけ選挙運動を行って、宴会やおべっかで選挙民と即席のコネクションを作ろうとする候補者が現れることを、劉は選挙プロセスに内在的に備わった「弊害」として捉えた。彼の美意識からは、人が人を代表するなど、いかにも怪しげに映ったのである。

茶番としての農村選挙

以上からわかるように、民主主義的な制度としての選挙が機能するには、ある程度、社会構造自体がそれに対応していなければ難しいようである。中国のように、選挙制度と社会構造が乖離している場合、社会に「接ぎ木」された制度は、実態との乖離を引き起こし、選挙は茶番と化してしまう。

2000年代の初頭まで、北京菜村でも山東果村でも、それまではリーダーシップ重視で、外から「接ぎ木」された村民自治制度そのものについては、軽くいなしつつ、さほど真面目に捉えていなかった。だからこそ、リーダーシップは安定していた。ところが2000年代に入って、「茶番」であるはずの農村選挙を、政府の側が本気で推進し始めてしまった。そこで引き起こされたのが、本章冒頭にみたような事態である。

著名な文学者の林語堂（1895～1976年）は、このように形式と実態が乖離しがちな状況のなかに、中国人のユーモア精神が隠されている、と述べている。たとえば中国人の葬儀という場面も、儀礼的な形式と、心情的な実態のずれが大きく、ユーモアが介在してくる余地が大いにある。

「葬儀も婚礼と同じく賑やかに、派手にやるべきだが、しかし厳粛にやらねばならぬという理由は少しもない。中国では厳粛はその大袈裟な服装の中にすでに表されており、そのほかはすべて形式である。そして形式というものはすなわち茶番ということなのだ（林『中国＝文化と思想』）」

第1章に紹介した甘粛麦村の葬儀の場面を思い出していただきたい。

さらに林は「中国式ユーモアは外部の形式に従い、その実際の内容はまったく顧みない点に存在する（中略）政治綱領や政府声明といったものも一種の形式」にすぎないと述べている。このように考えると、現代の「村民委員会組織法」などというのもある意味、茶番となる可能性を十二分に秘めており、中国農民のユーモアが発揮されるツボではないかと思える。江西花村でも、研究協力者、赫常青の叔父は、「選挙などというものは偽物だ」とはっきり述べた。

写し鏡としてのインド農村

ある地域で「当たり前」の前提が、別の地域では全くそうならない。考えてみればこの道理自体も「当たり前」だが、一つの国・地域だけに惚れ込んで地域研究をしていると、逆にみえなくなってしまうことがよくある。

筆者がインドの農村でもガバナンスや農村リーダー層の調査を行ってみて、感慨を覚えたことの一つが、彼我における選挙と政治文化の違いである。少し角度を変えていえば、選挙制度が当初予定されたとおりに「民主的」な効果を上げ、役割を果たすためには、それなりの「社会構造」が必要なのではないか、ということである。

まず中国のあり方を写し鏡としてインドをみれば、人が人を「代表」しているという意識が、インド農村ではとてもしっくりくるのである。そうしたしっくり感が、「世界最大の民主主義国」といわれるインド政治の根底にあるのではないか。インド農村の社会構造のもとでは、競争的な選挙が発生しやすいのだ。

筆者のインドの定点観測地の一つは、南部テランガナ州のペダマラレディ村である。総選挙を挟んだ2014年4〜6月も同村に滞在していたが、5年に一度の選挙は、村レベルでも非常に盛り上がっていた。その理由の一つは、村の「カースト」が各種政治的利益の分配において中間集団の役割を果たしているからだと思っている。

各レベルの選挙の候補者は、バラバラの個人をつかもうとするのではなく、中間集団としてのカーストを介して人々の心をつかもうとアピールを繰り広げる。このことで、選挙の際の政党間の競争も熾烈なものになってくる。

インドの農民は、貧困層も含め、中間集団としてまとまることで、自分の1票が上位の政治を動かす力をもっていることを、常に感じてきた。

選挙のリズム

インドの農村社会では、5年に一度訪れる選挙が、規則正しくリズムを刻んでいる。そのようなリズムが、1952年の第1回総選挙以来、70年にわたって繰り返されてきた。選挙はインドの農村や農村住民に甚大な影響を与えている。

ペダマラレディ村の村民から代議システムをみた場合、重層的に、具体的にいえば五つのレベルに代議員が存在している。すなわち、村内に14ある選挙区を代表する村議員（ward member）、村全体を代表する村長（sarpanch）、村から二人選出される郡（block）レベルの議員（MTPC）、県（district）レベルの議員、州レベルの議員（MLA）、そして連邦下院レベルの国会議員（MP）である。

議員が代表する選挙区と議員の関係は非常に明瞭で、それぞれの議員は自分が誰を「代表」しているのか、したがって何をしなければならないのか、逆にいえば何をしなければ次期の選挙で負けてしまうのか、選挙民も誰を選べば自分たちに利益があるのか、じっくり見極めたうえで投票する。こうした鋭い代表＝被代表の関係と選出プロセスが、五つのレベルで展開するのである。

政治的な人々

インドの社会構造が、高度に分節的であるのも、選挙に向いているといえる。「分節的」とは民族・宗教・カースト・ジェンダーなどの亀裂により、社会の内部が節のようにセグメント化しやすい傾向のことである。そうした個々のセグメントが、自己の利害やアイデンティティに基づき、自分たちを「代表」してくれそうな政党に投票する動きにつながりやすい。候補者も選挙運動において、分節を塊としてターゲットにしやすくなる。

こうして、インドでは政治家、候補者の側も非常に「政治家的」な性質を備えるに至る。政治家とはすなわち、感情の量が多く、常に「誰か助けを求めている人々はいないか」とアンテナを張り巡らせているような人物である。人を助けることは選挙の得票のためでもあるが、そうした基本的性質は政治家に染み付いてしまっている。

インドでは政治家と官僚がその人間類型上もはっきりと区別できる。先に引いたウェーバーの指摘に合致しているのである。村の議員を含め代議員が「政治家っぽい」のにたいし、村の行政事務を司る官僚はいかにも「役人風」である。例外を認めず、与えられた業務を粛々とこなしていくような冷たい趣がある。

インド人の性格というのは、個人というより、カーストごとに決まってくる面もある。カーストは伝統的な職業をもっているうえ、カーストを跨ぐ通婚は現在でも忌避されている。おのずとカーストごとに独自の「性格」のようなものが形成される。

その意味において、ペダマラレディ村で「政治的カースト」といったら、間違いなくレディである。レディ（Reddy）は地主カーストであり、アーンドラ地域では伝統的に村の支配者層であった。村のカースト秩序のなかでバラモン、バイシャに続く高い地位にあり、本来であればベジタリアンとなることで、自分たちの宗教的な浄性を示す方向に進む可能性があった。

ところが、地主というのは、広範な農業カーストの人々、ノン・ベジタリアンの農業労働者や小作らに、日常的に接触する必要がある。その影響で、同地のレディの人々もノン・ベジタリアンで、かつ飲酒にも寛大な性質をもつに至ったといわれる。表立った飲酒が忌避されるなかで、時たま筆者にウイスキーをご馳走してくれるのが、レディの男たちだった。

彼らは常に、誰か困っている人はいないか、施しを必要としている人はいないかと、センサーを働かせている。レディの男たちは、経済的な実力もさることながら、政治家になるべく生まれた人々のようにもみえた。

伝統的に政治家向きのパーソナリティを備えたレディ・カーストは、過去に多くの政治家を輩出していた。近年は積極的格差是正政策（affirmative action）の一環として、従来、差別的な地位に置かれてきたとされる後進カーストや指定カースト、そして女性に一定の議席を留保する制度が導入されている。これに伴い、政治家の中心はガウド（Goud）やムドラージ（Mudiraj）など後進カースト、あるいはマラ（Mala）やマディガ（Madiga）など指定カーストに移ってきている。

今度はインド農村を「写し鏡」として、中国農村を振り返ってみれば、競争的な選挙は、中国社会のあり方からして不適合であると思われる。インドでは明瞭なコントラストをなしていた政治家と官僚の区別が、中国にはない。中国では官僚がイコール政治家と目されているのである。しかし、「官」の選出にあたって、選挙の方法はふさわしくない。

中国の「官」は、「民」の家族主義の精神から生まれ出る。家族が富み、子孫が繁栄し、栄えた結果として一族から「官」になるものが現れる。自分の実力なのである。政治家は大衆の心をつかみ、票をつかみ、選挙で勝ち抜いた結果、自らが代表となった選挙区の選挙民のために働く。他方で「官」による政治は、競争、争い、コンテストではなく、「父母官」

（地方の長を表す）として民にたいする恩恵としての分配が主軸になる。その姿は、農村優遇政策を続ける今世紀以降の中国共産党の姿に連続してくる。

3　村だけに選挙がある「本当の」理由

基層幹部制御の政治

章炳麟がその炯眼（けいがん）により見抜いていたとおり、封建制の伝統から遠く離れた中国の社会は、歴史社会学的にみて、競争的な選挙と代議制が受け入れられる素地を明らかに欠いていた。だからこそ、明清時代から続いてきた「天は高く皇帝は遠い」システムは、期せずして人民共和国の政治体制にも接合されることになったのである。

中国の一党独裁体制では、競争的な選挙を通じ、時として政権党が交代する可能性自体が想定されていない。政権は絶対に交代してはならないのである。したがって、選挙を通じて実質的に政治参加をし、自分の支持政党に投票し、それにより現実の生活が変化する、そのような経験を中国の農民はしてこなかったし、してはならないのである。

それでは、なぜ、１９９０年代以降の農村末端レベルの村民委員会でのみ、競争選挙が導入されているのだろうか。社会構造と選挙制度の乖離が存在し、時として「茶番」とみえる制度が農村で維持されている現状は、実に不思議にみえる。中国で唯一、競争選挙が発生する可能性が、村レベルのみに残されているのはなぜなのか。

結論から先にいえば、筆者はここに、「基層幹部制御の政治」（田原『日本視野中的中国農村精英』）と呼べる構図があったと思っている。

前章にみたとおり、一般の農民たちが家族主義的発展を目指して経済活動に邁進するなか、農村の公共生活の中心的な担い手になっていたのは、農村リーダーたちである。政府にとっても、基層幹部を中心とする農村リーダー層は国家の統治にとり、なくてはならない存在であった。中央政府にとり、農村基層幹部を育て、そこに依存することは、国家の政策を推進するうえで欠かせない要素だった。たとえば計画生育という国策を実施に移すうえでの、北京菜村での孫記平の仕事ぶりを思い出してほしい。

同時に、少なくとも中国共産党中央の目からみて、末端のリーダーは時として「土着勢力化」し、地方のボスになり得る。その意味で、完全に信頼しきることのできる代理人ではありえなかった。

信頼しきれない理由

歴史を振り返ると、中国共産党は、1927年以降、江西省の山岳地帯にある中央革命根拠に立て籠もり、平野部を支配する敵対勢力である中国国民党に包囲され、その攻撃を躱しつつ生き延びた。1937年以降の抗日戦争では、「敵」のなかに日本軍も加わった。したがって共産党の基本的な発想は、いつも「敵か味方か」というところにある。日本降伏後の1946年からの国民党との内戦の期間中、共産党の解放区の周囲には常に国民党が存在しており、敵によって転覆させられる可能性が常に潜んでいるという意識が強かった。戦争状態にあるという認識は変わらなかった。

自分が支配する根拠地内で土地革命を進めながら、中国共産党は農村基層幹部を養成していったが、幹部のなかに不純な分子が紛れ込むことについて、党は常に警戒心を緩めなかった。土地革命で分配する耕地が不足しているという報告が上がってくれば、「幹部のなかに混入した反対勢力が土地を隠しているのではないか」と猜疑心に苛まれる傾向にあった。なんといっても当時は、情報・通信技術のレベルが低く、辺境の農村の状況はなかなか中央にまで伝わらなかった。これにより猜疑心は増幅された。基層幹部に依存しつつ、同時に彼ら／彼女らを制御する。そうした発想は建国後の農業集団化（1955年）、農村四清運動（1964年）、そして改革開放後、1990年代の農民負担問題やそれを受けた2000年前後の税費改革（序章）にまで脈々と連なっているのである。

たとえば、中央政府は1995年5月「国家計画生育委員会、計画生育行政執行において

『7つの許されないこと』を堅持する通知の配布について」、1996年「中共中央国務院、農民負担の軽減を徹底することに関する決定」などを出し、CCTV（中国中央電視台）の「新聞聯播」などで繰り返し宣伝した。

計画生育や農業税の徴収は本来、国家の代理人としての基層幹部の仕事である。おのずと、その仕事をめぐっての現場での対立・衝突は農民と基層幹部との間に発生する。だが、中央政府の意図により現場に焦点が当てられることで、あたかも問題の根元が腐敗した基層幹部そのものにあるように演出されてしまった。このことは、基層幹部の「悪」のイメージを増幅させるとともに、農民の味方としての中央政府の好印象の形成につながった。これにたいする基層幹部側の反応は、「中央は上手いこと善人を演じているが、おかげで農民が我々幹部に絡むようになってしまった」というものだった（馮『〝渾沌〟之治』）。

「民主選挙」の狙い

こうしてみれば、同時期に農村社会に接ぎ木された、「民主選挙」の狙いも、すんなりと理解できるのではないか。その真の目的は、民主的価値の実現などではなく、3年（2018年からは5年に延長された）という短いスパンで基層レベルのリーダーの交代を促し、地方ボス化を防止するための、基層幹部制御の政治の一環であった。中国の権威主義体制は、末端の農村リーダーに依拠しつつも、同時に彼らを完全には信頼せず、これを定期的に交代させることで制御する二つの力の拮抗（きっこう）を目指していた。

選挙制度を用いたこのリーダーの頻繁な交代は、村より上のレベルに及ぶことはない。村より上のレベルの郷・鎮や県、市、省レベルのリーダーが「地方ボス化」する危険はもちろんあるが、これらは幹部人事制度によって未然に防止されている。すなわち上のレベルの共産党組織による任命により、各レベルのリーダーは定期的に交代させられる。その意味で、出身地での任官を回避する「回避の制」や、同一県での長期在任を禁ずる「不久任制」にみられる、かつての科挙官僚制度と同じような措置が、現在でも幹部人事制度によって担われているのである。

繰り返すが、中国のような大国の政体において、中央と末端の距離は非常に遠い。さらに以前は、基層の情報は中央にまで伝わりにくかった。そのため、「どこかに敵が潜んでいる」、「国家を転覆させようとしている」との感覚は鋭敏となった。この恐怖感が、革命政党であった中国共産党のＤＮＡである。基層幹部には依存し、力を借りつつも、注意深く制御せねばならない。ただ、数が多すぎるので、政府が直接人事の配置をするのでなく、選挙の形をとり、村民の知恵を借りながら基層幹部の入れ替えを行っている。

ひるがえって、情報・通新技術が発達した現在、基層幹部の状況はかつてに比べるとはるかに上のレベルに掌握されやすくなった。今や、農村の基層幹部は中央によってほぼ完全にコントロールされているようにもみえる。筆者のような外国の研究者を勝手に迎え入れることさえ、地方政府に筒抜けになってしまう。この点については、次章の筆者の個人的体験からもみえてくるだろう。

「民」として生きる

2006年8月に池道恵に再会した際、彼はまだ落選の精神的打撃から完全には回復していないようだった。村の公共的な仕事にずっと携わってきたことの反動で、逆に公共的な事柄にあえて背を向けたい気持ちが感じられる。大隊のオフィスがある村の中心部からも遠ざかった。自分の家（村の西側）とは反対側の村の東部方面には足が向かなくなった。新しい村幹部たちがどういう了見で出勤しなくなったのかと尋ねても、「そんなこと知らんし、知りとうもない！」と叫ぶ始末。

村のなかを歩かなくなったのは、村民のいろいろな訴えなどを耳にしたくないからである。道恵の考えでは、村民の意識もゆっくりとではあるが高まってきていること、また現在の状況を憂慮し胸を痛めている一部の村民もいるということだが、「それ以外のことはわからん」という。

筆者が、「今度は村民小組長にでもなってみたら？」と軽く勧めると、「たとえ選ばれても絶対やらん。やらんいうたらやらん！」と断言。小組長の仕事が忙しいからとかではなく、「忙しかろうと忙しくなかろうととにかくやらん！」と。

いっぽうで、周囲の親戚や友人、隣人との間の、気安く、濃密な往来は戻ってきた。幹部を辞めてから、家屋新築の際の「手伝い」（幇忙）や、「棟上げ」（上梁）に呼ばれることも非常に多くなった。特に自宅の周辺、従兄弟や兄弟などが多く住む第九村民小組の近辺での祝い事に参加することが多くなった。

かつては村民宅に呼ばれるとしても「村幹部」として呼ばれるので、頻度は多くなかったし、呼ぶ側としてもやや「構えた」宴席とならざるを得ない。それがヒラの村民となってからは、自由な付き合いができるようになったのである。幹部だった頃には気軽に誰かの家にいって酒を飲むこともできず、逆に村民を家に呼ぶことも憚（はばか）られた。

純粋な農民として、天候への感覚が鋭敏になったのももう一つの変化である。天気予報をみて、「この雨はなかなか、降ってくれそうもないの……」としょっちゅう気にかけている。灌漑中に小型ダムの水が枯渇して、「社会主義の優越性」により、水の費用を平等負担する心算をしていた前出の第八村民小組組長にたいしても、「多分もうじき雨になるけえ、揚水ステーションの水は買わずにしばらく待ってみたらええよ」とアドバイスなどもする。

天を睨みつつ、「雨を待つかどうか」を見極める。このあたりの姿にも、土に生きる農民としての覚悟と矜持が滲む。同時に、

「ワシら農民はこんなもんじゃ」

と、ことさら自分が農民であることを強調するのも、つい最近まで、村という小さい世界であっても、「官」であったことの裏返しなのであろう。

選挙制度が中国農村社会の実態から乖離しているもう一つの理由は、選挙で負けることが、農村リーダーにとって、面子が丸潰れになることを意味するからだ。競争的な選挙を行う限り、誰かが落選することは避けられない。だがそれにより面子が失われる。中国社会を研究する誰もが指摘してきたとおり、面子は何よりも大事である。

2016年4月には、久々に北京菜村を訪ねた。

なんという偶然だろうか、到着したその日はちょうど、村民委員会選挙投票日の前日だった。大隊を去って久しい孫記平は一般の選挙民として、選挙を傍観していた。

「あんたが昨夜、グーグー寝ていた時間、(主任候補の)二人の派閥の連中は一晩中、票の買収のために村民の家の間を走り回ってたんだよ」と可笑しそうにいう。

現在の買収の相場は、1票当たり1000元(約2万円)だそうだ。両派閥の人々は、ある世帯と自分自身、および他の派閥との関係を十分に考慮し、的を絞った方法で買収運動を

行う。ある世帯と自分との関係に特別なものがなく、なおかつ対立候補との関係は密接だと判断される場合、勝ち目はないので買収は行わない。記平のところには、候補の一人、前述の「ヤクザ者」は買収には来なかったが、他の一派、現職の村支部書記兼村主任のグループはやってきた。

「これみて！」

と10枚の１００元札を手に、屈託なく笑顔になり、ビラビラと振ってみせる。

あっぱれなほど、イサギがよい。

本章のポイント

本章では、中国社会にとって「政治的なもの」について、農村の選挙を手がかりに考えてみた。

中間団体が形成されにくく、中国の社会構造が選挙にあまり向いていないにもかかわらず、なぜ村レベルにのみ競争選挙が導入されているのかという謎に迫ってみた。基層幹部に依存しつつ、信頼しきることもない統治当局が、「基層幹部制御の政治」を展開しようとしている、というのが一応の答えとなろう。

農村住民は政治生活・政治参加をリアルな生活の一部としては捉えていない。茶番は茶番として割り切り、形式に従っておき、その代わりに、農村家族は家族主義に根をもつ経済活動に特化していく。

選挙のもたらすもう一つの政治的な帰結は、もともとは公共的な意識をもっていたはずの農村リーダーや基層幹部でさえもが「脱政治化」することである。能力があり、村のために働こうとしていた幹部が、落選後、公共生活にあえてソッポを向く結果を選挙がもたらしている。このことは果村の道恵の落選後の行動、つまり幹部ではなく「農民」としての自分を強調し始めたのをみればよくわかる。

「官」から「民」へ。小さな村のなかのことではあれ、そこには中国なりのニュアンスに富んだ世界がある。

コラム３　空腹で飲むな──北方農村の飲酒

煌（きら）びやかなレストランの宴会は、社会的上昇を狙うギラギラした欲望がチラつき、タヌキの腹芸パフォーマンスで気疲れすることも多い。それに比べ、都会を離れて田園に赴き、農村で現地の人々に囲まれ、村の空気を感じながらリラックスして飲む酒は美味（うま）い。

『草の根』でも仮説的に述べたが、村の日常において酒の果たす役割は、北方と南方ではよほど異なっている。まず、北方の飲食について書こう。大雑把に「北」といっても、山東省だけは特別に精緻な酒文化が発達しているように思えるので、ここでは取り上げないことにする。その代わり、山西、陝西（せんせい）、甘粛など中・西北部のイメージを中心に考えてみたい。

自分の経験からいえるのは、これら地域の農村では、食事において主食、とりわけ小麦に価値が置かれている。主食でしっかり腹を満たすことが重視されており、飲酒はいわば二の次である。少なくとも、空腹な状態で飲酒を始める習慣がない。飲む場合でも、ちゃんと空腹を満たしてからになる。

甘粛麦村でまだ調査ができていた2015年、林書記が「飲もう飲もう！」と誘ってくれたのも、夕食が済んでしばらくしてからだった。部屋で、一人で一杯やろうと思っていた矢先だったので、誘われて余計に嬉しかったのを覚えている。

研究協力者の章祺(しょうき)と麦村を歩き回った際、あるとき滞在先の家にまで戻る余裕がなく、村の売店で簡単にビールとウインナーを買って「昼食」にしたことがあった。ビールを瓶のまま1本ずつラッパ飲みしたのだが、ほどなくして彼女は足元が覚束なくなり、危うく倒れそうになり、道端にしゃがみこんでしまった。

近所の農家で薬を分けてもらってなんとか回復したが、「空腹でビールを飲んだから……」といっていたのを思い出す。天水(てんすい)の都会育ちでそこそこ酒もいけるクチの彼女も、やはり主食重視の西北人の一人だったのだ。

飲酒よりも主食が勝るのとパラレルな関係で、北方の村民は世帯ごとの壁を超えて他の村民と日常的に食事を共にすることは多くないようにみえる。筆者も現地でホーム・ステイ先が決まると、基本的に毎食、その家庭で食事をとることが多い。別の家で食べたり、隣人や縁者が同席していることもあまりない。

これは家屋の作りにも現れていて、山西や甘粛の集落は集村の形態をとる代わりに、一軒一軒の農家は周囲が壁で囲まれていたり、中庭をもつ三合院形式であったりと、独立性が高い。内部に踏み込む際の心理的な壁が、南方に比べてやや高い。北方は雑姓村が多く、血縁・姻戚関係のない異なる姓の住民が混じり合って集落を構成していることも、心理的な壁に影響するだろう。

社会的飲酒者である中国農民は、自宅で一人で飲むということがない。したがって社会関係によって飲酒を要請されない西北農村では、冠婚葬祭時を除いて、飲酒の習慣自体をもたない農民も相当たくさんいると思われる。

２０１５年に一度だけ訪問した山西省の窑村（ようそん）で、ホーム・ステイした家庭の叔父さんのことを思い出す。

彼は実直・勤勉な農民であって、全く飲酒の習慣がなかった。その代わり、毎日、叔母さんが小麦をこねて作るマントウ、水餃子、お焼きなど種々の主食に意識を集中させていた。北方では主食自体がバラエティに富んでおり、飽きが来ない。わずかな副食があれば十分である。主食を胃袋に詰め込んでいるとき、人の意識は食べ物に集中する。このとき、他者との交流は余計である。

日本のテレビ・ドラマ『孤独のグルメ』の状態に近い、といえるかもしれない。主人公の井ノ頭五郎が「下戸」であるという設定も、酒が加わることにより引き起こされがちな他者との交流によって、食事そのものへの意識の集中が妨げられないように、という配慮だろう。中国西北の農民にとっても、小麦の主食で空腹を満たすことは、この世に生きる幸福そのもの、といって過言でないと思う。

第4章　中国農村調査はなぜ失敗するのか？――「官場」の論理

この章では、中国農村調査の失敗について取り上げる。ここで述べるのは非常に個人的な体験の数々である。

失敗した調査とは、「研究目的に即したデータを取得することができなかった」ケースである。なぜ、わざわざそのような失敗を取り上げるかというと、その経験は無駄なものではなく、調査の「失敗」自体も、現場における重要なエピソード（出来事）の一つだからである。つまり、失敗の正確な記述を通じ、なぜ、失敗したのかをみていくことで、各時期、各地域の中国（農村）社会のある側面がみえてくるはずだからである。

前章でも触れたとおり、農村を考えるうえでとても大事なのが官と民のコントラストである。

「民」の代表である農民の人々は、家を発展させ子孫を繁栄させていくことを、第一の人生の価値に据えてきた人たちである。そのためには家庭経済を発展させることが大事であり、要するに経済活動が中心になっていく。その他、いっさいの政治的考慮などは余計なものとなる。その結果、一族のなかから「官」を排出するケースも出てくる。

これにたいし、いったん「官」の世界に足を踏み入れた人たちというのは、官僚として生きるための独特のルールの世界に生きている。『官場現形記』という清代の小説があるが、これを読めばわかるように「官場」の世界というのは民の人々には無縁なものである。

甘粛省の麦村で調査した際、一般の農民の人の気風は心の壁を作らず、素朴であり、あけすけに、自分の公共生活上の不満や家庭内部の事情、なんでも筆者にしゃべってくれた。これにたいし「官」の経験のある人を訪ねようとすると、ことごとく理由をつけて断られてしまう。特にかつて村の外で政府の幹部を務めていた退職後の帰郷者などは、取り付く島もなかった。

「官」の特徴というのは、中央から末端に連なる官僚機構の縦のラインのなかの自分を常に意識していることである。官僚機構にはすべからく、管轄すべきテリトリーがある。管轄する領域で「問題」が起こると上の組織に叱責される可能性が出てくる。その場合、自分の出世にもかかわる。拙い事態を避けるためには、上の顔色をみる必要がある。上の態度によっては「問題」は問題にならないかもしれない。そこでは、風向きを読む能力も必要になってくる。

以上の意味で、外国人に農村の実態を見せるということは、自分が管轄するべき領域に、余計な揉め事の種を蒔(ま)くリスクを意味する。「官」本人の好みではなく、官僚組織の上のレベルがこれをどう捉えるかである。習近平時代になって、外国人が農村調査をすることが「問題だ」と上のレベルが捉える度合いが、1980年代などに比べ格段に高くなった。だから、現在、「官」の人々は外国人に実態を調べられることを極端に怖がるようになった。

個人的な体験としても、習近平以前の農村調査の失敗は、政治以外のさまざまな要因が絡んでいたのにたいし、2012年以降の習近平以後になってくると、外国人にたいする警戒がより強く働き、基層の「官」たちの裁量の狭まりが調査の失敗に影響してくるようになった。2023年現在に至っては、外国人による農村調査の可能性自体が事実上、閉ざされてしまい、「失敗」するチャンスさえも与えられていないのが現状である。

1　習近平以前の失敗

雲南調査（1997〜98年）

東京大学のある教授の主宰するプロジェクトで、雲南省石林彝族(せきりんイ)自治県の農村調査団が組織され、当時大学院の博士課程の院生だった自分にも声がかかった。プロジェクトは「雲南集市研究会」と呼ばれていた。「集市」とは農村部の定期市のことで、中国では2020年代の現在でも全国の農村で開かれている。

現地調査は、1997年、98年の2回にわたり実施された。中国経済の専門家を中心に構成される調査団のなかで、筆者には現地農村について社会学的な側面から情報を補充することが期待されていた。

石林県は当時、路南県といったが、1998年頃に改名した。「石林」とは、県内にある景勝地の名称である。いわゆるカルスト地形で、石灰岩がニョキニョキと屹立（きつりつ）する独特の景観で知られる。

団長の教授は、前年に行われていた予備調査で、ある郷の主力幹部から、前年に現地で起こった、とある興味深い事件について少しだけ見聞し、関心を示していた。県境付近で産出する大理石をめぐり、現地の農民と隣県の農民の間に争いが生じ、雲南省政府までが介入する事件に発展したらしい。この事件の詳細について聞き出すよう、教授は筆者に期待をかけていたようだった。教授は権威ある学界の大御所である。そんな方が、ヒヨッコの大学院生にわざわざ声をかけ、調査団に参加させてくれたのだ。期待に応えねば……という心理的圧力がかかっていた。

ある日の昼食の際、当の郷幹部、潘さんの隣に座ることになった。「一緒に酒を飲んで、腹を割ってもらい、話を聞き出さねば……」というわけで、現地の農民の酒であるトウモロコシ酒（包谷酒）を現地流に、大きな飯茶碗になみなみとついで隣の潘さんと酌み交わし始める。

しかし、考えてみればすぐわかるが、多少なりとも政治的に敏感な事件についての話を、現地の幹部がほとんど初対面の外国人に話すはずがない。しかし、教授に期待されている手前上、幹部から話を聞き出すための努力はせねばならない。トウモロコシ酒の度数は、50度はあるだろう。潘さんは彝族で、みるからに屈強な酒の覇者。こちらは数杯飲んだだけで撃沈され、何も聞き出せなかったばかりか、マイクロバスの窓から激しく嘔吐した後に再起不能なまでに潰れてしまい、午後のインタビューはすべてフイになった。

消えた『郷誌』の謎

日本の研究者からなるこの調査団は、筆者がのちに「プロジェクト型」と呼ぶことになるスタイルをとっていた。昆明の雲南省社会科学院という正式な研究機関をカウンターパートとして、政府の公式なルートで石林県政府→亀山郷政府というように役所を訪問し、インタビューを繰り返すというやり方である。

日本社会をそのまま現地に持ち込んでの、集団行動が前提となる。チーム全員、あるいは少人数のグループに分かれて県や郷の関連部門のオフィスを訪れ、幹部や責任者のフォーマルなインタビューを行うことが中心で、現場を「みる」要素は少ない。

筆者以外のメンバーは全員、経済学者で、現地調査の情報はどちらかといえば補助的なもののようだった。統計データが入手でき、概況などが聞き取れればいいのかもしれない。しかし、自分の場合は社会学的アプローチで、実際に農村を歩き回って現地の生活ぶりそのものをみたい。現場をみることをせず、最初からオフィスでインタビューではどうにも消化不良になってしまう。

そこで1998年の第2回目の調査では、他の団員が引き揚げた後も一人でしばらく現地の亀山郷に残り、郷政府の援助を得ながら、郷内の村々を周り、フィールドワークを展開することにした。1年目の調査時に、地元でしか手に入らない『亀山郷誌』を入手していたので、これに基づいて詳細な人物名リストを作るなど、入念な準備もしていた。ちなみに中国全土で刊行されている『〇〇誌』という地名を冠した資料は、歴史から地理、農業や文化に至るまで、地域社会に関するさまざまな情報が網羅されており、特定地域のケース・スタディを行う際にはとても重宝する。

郷政府の車を出してもらい、村々を周り、村民委員会でインタビューを行ったり村を歩いたりして何日か経った頃、訪問先にも携行していた『亀山郷誌』が見当たらなくなっているのに気付いた。「どこかに置き忘れたのか？」と気になりつつも、そのままになっていた。

食事は済みましたか？

実は筆者には、「辺境フェチ」とでもいうべき奇妙な志向がある。現地の集落地図をみて、ハズレのそのまたハズレに小さな集落があり、人が住んでいることがわかると、どうしても行ってみたくなるのである。そこで郷政府の事務員で筆者の面倒をみてくれていた小吉（しょうきつ）（漢族）に頼みこみ、郷政府運転手であるどんぐり眼の何大哥（かだいか）（彝族）の運転で、四駆のジープを駆ってある辺境の集落に向かった。

音質の悪いカー・ステレオからは、１９９０年代末に大流行した歌謡曲「小芳」が流れている。１９６０〜70年代の文化大革命当時に農村に下放した都市の知識青年が村でねんごろになった少女を懐かしみ、「あの日々を一緒に過ごしてくれてありがとう〜」と歌う内容だ。その歌詞とメロディーが、亀山郷の山の景観に重なってくる。

石林県の県境に近い辺境集落を興味深く見学した後、県境を越えて隣県の弥勒（みろく）県に移動し、小さな鍋料理屋を見つけて夕食をとることになった。何大哥は運転手なのだが、ここで酒に手を出してしまった。まあ、彼らにとって飲酒運転は日常茶飯だろうし問題はないだろう、と自分も考えた。

　とっぷりと日が暮れたなか、来たときとは別ルートで亀山郷に引き返す。しばらく走り、道を間違えたことに気付いた。何大哥が暗闇のなかでハンドルを切り返そうと車をバックさせた瞬間、四駆の車体が「ぐらり」と大きく揺れ、溝にはまり込んでしまった。あっ！　と思ったが、幸い、我々に怪我はなかった。しかし、溝にはまった四駆は自力では元に戻れない。

　万事休す。

　そのうち野次馬たちもやってきて、「こりゃあ、無理だわ……」と虚ろな目で事態の成り行きを傍観している。こういうときの、他人の苦境にたいする一般人の非協力の態度は印象的である。

　数時間が経過し、亀山郷から郷政府の郷長らも出動してくる騒ぎとなった。郷政府が各方面に連絡をとり、そこがたまたま何かの工事現場で、クレーン車が1台、停めてあったことが幸いした。最終的にはクレーンの運転手を探し出してジープに綱をかけ、溝から引っ張り出してもらい、ようやく帰宅の途に着くことができた。

　この事件以降、郷政府の人々が筆者の調査にあまり協力的でなくなった。小吉の態度もどことなくよそよそしい。忙しいので車が出せないなど、いろいろ言い訳をして、筆者が村にいくことを阻んでいるようにもみえる。

やむなく、当初の予定を早めに切り上げ、調査は終了することにした。滞在中の食費、宿泊費などもきっちり精算して、帰りの車を依頼した。石林の県城に向かう車中で小吉が明かしたのは、あの消えた『亀山郷誌』は、どこかの村民委員会でインタビューした幹部が筆者のみていない隙に「回収」したのだという。筆者が詳しい人物表などを作成しているのが、スパイ（的な）活動にみえたようだ。できるだけ現地の詳細を知らせたくない気持ちが、幹部を『郷誌』の回収行動に駆り立てたようだ。

この失敗体験からわかることは何か？

外国人の調査にまだ自由の隙間が開かれていた1990年代、中国の地方政府の幹部・スタッフたちにとり、社会調査にやってくる外部者は「未知の存在」だった。調査者が何を知りたいのか、情報を何に使うのか、受け入れる側は知らない。そのようななかで、公式ルートで入ってきた相手である限り、上のレベルの政府にたいする礼儀上も、とりあえず調査者を受け入れておくのは構わない。

だが、受け入れた外国人の調査の進展に伴い、いろいろと面倒が感じられてくる。たとえば、今回の交通事故のような偶然のきっかけで、調査者の存在とその活動によって、基層幹部がその事態の責任を負わされるリスクが、リアルに感じられてくる瞬間がある。

もう一つ、現地政府は調査内容の学術的意義などには興味はもたないが、今回の「人物リスト」のように、彼らの目からすれば「異常に詳しく」現地を知ろうとする行為は、基層幹部たちに疑惑の念を生じさせる。筆者の経験から一般的にいって、「一覧表」形式のデータは危ない。こうしたデータを受け入れ者である「官」たちの目に触れさせるのは、恐怖と疑惑を増大させるので得策ではない。激しく拒絶することはなくとも、やがて警戒した相手は、のらりくらりと非協力を示すことにより、調査者が自ら引き上げるように仕向けるであろう。中国語でいえば、「多一件事不如少一件事」(面倒は少ない方がよい)。これが中国の「官場」の基本的な行動ロジックである。

ところであの日、四駆が溝にはまった事故の際、現場に駆けつけた郷長が雲南弁で筆者にかけた第一声が今でも印象に残っている。

「食事は済みましたか?」(略吃了飯?)

山東調査(2002年)

次に紹介するのは、2002年3月、蓬莱(ほうらい)市(県レベル市：序章参照)を初訪問した際の経験である。定点観測地の果村と出会う以前のことになる。このとき、筆者は偶然の成り行きから、蓬莱市政府の「工作隊」と5日間、同じ屋根の下で過ごすという、自分の過去の農村調査のなかでも異例の経験をした。話せば長いのだが、実家、広島の縁者（満州からの引き揚げ経験もある80代の日本人）が蓬萊で農場経営を始めており、そのつてでこの工作隊長を紹介されたのである。

工作隊というのは、基層における各種の問題を解決するために上のレベルの政府が臨時に幹部を編成し派遣するチームである。歴史的には１９５０年代の土地改革運動や60年代の社会主義教育運動など、かつての政治運動の発動においては必ずこうしたチームの末端への派遣がみられた。また近年多くみられるものに「扶貧」すなわち貧困問題の解決を目的とした派遣がある。２０２１年、中国が「脱貧困」を達成したことが高らかに宣言されたことは記憶に新しい。ここに至るプロセスでは、やはり工作隊派遣の方式がフル稼働した。

ともあれ、こうした工作隊の派遣は歴史を通じて、①農村の基層政権が期待されている自己管理能力、問題解決能力を欠いている場合、または②基層政権の活動にたいして上のレベルの政府が何らかの不信感を抱いている場合、行われる点で共通している。その意味で、毛沢東時代から習近平時代の現在に至る基層幹部制御の政治（第3章）の一環でもある。

「問題のある」村

砂村（すなむら）は蓬萊県城から車で25分ほど東にいった幹線道路沿いにある。砂村を管轄する大記家鎮は、幹線道路沿いに位置するうえに沿海部でもあり、蓬萊市のなかではむしろ豊かな一帯に属している。村の1人当たりの収入は3500元と、当時としては決して貧しい部類ではない。だが曲がりなりにも工作隊が住み込んでいるということは、この村が県当局からみた際に何らかの「問題」を抱えていることを示している。

村に入った当初、砂村の「問題」も貧困にあるのかと思った。だが、その工作隊はその正式名称を「総合整治領導小組」（総合的な立て直しを指導するグループ）ということからもわかるとおり、貧困よりもむしろ、基層幹部を含む組織のあり方をターゲットにしているようだ。

工作隊員自身の言によれば、砂村の組織の問題は党支部書記と村民委員会主任の二つのポストを二人の人物が分け合っているためにまとまりにくいことだという。そこで3月の終わりから5月にかけて行われる次の村民委員会選挙で、書記と主任の職を同一人物によって兼任させる、いわゆる「一肩挑」に導くよう指導するつもりのようだった。

もっとも、その後、村民らの訴えを聞くにつれ、事態はよりドロドロとしており、集団所有地の売却とその利益の私物化など、現職幹部によるさまざまな実力にものをいわせた恣意的行為がみられ、砂村の組織問題は決して「まとまりにくい」という程度に止まらないことは明らかであった。

第2章にみたとおり、村の公共的生活の核心にあるのは人の問題であり、より端的にはリーダーシップの問題である。現実には貧困救済の工作隊であっても、基層組織の立て直しを貧困問題解決に不可欠な要素とみなしていることが多い。

蓬萊市は当時、9つの郷・鎮と607の行政村を管轄していたが、そのうち40ヶ所（約7％）に4人1組の工作隊を派遣し、現地に丸1年間住み込ませ、時間をかけて組織的な立て直しを行っているとのこと。

砂村チームの隊長は蓬萊市企画建設管理局の陳副局長（以下、中国の習慣に合わせ「副」は省略）、隊員は40歳ぐらいの廖さん（第一中学教員）、30歳ぐらいで温厚な趙さん（企画建設管理局）、大柄な青年、記さん（企画建設管理局）の3名である。4人は村に住み込んでからまだ2週間ほどであった。

工作隊の暮らし

彼らが住居としており、筆者も一緒に泊まり込んだ場所は、3部屋と台所つきの無人民家をそのまま利用した家屋である。3部屋のうち向かって左の部屋を隊長の陳局長が使用し、中央の部屋が食堂兼出入り口、台所に隣接した右の部屋が隊員の寝床となる。若い二人がこの部屋のオンドル（炕）のうえで眠り、廖さんはベッドを使用していた。筆者は中央の食堂兼出入り口のスペースに寝泊まりした。

便所は中庭の西南端にあり、老朽化して相当に汚かった。中庭は当初、土が剝き出しであったが、筆者の滞在中に作業員がやってきてコンクリートで固めた。1年間、住み込むのであるからそれくらいの環境改善は必要ということだろう。

4人の生活は非常に規則正しい。朝は6時15分に起床し、顔を洗ったり、床の掃除や食事の支度などを手分けして始める。水道の水は6時半から30分間しか出ないため、その間に1日分の水を大きな甕（かめ）に溜めておかなければならない。この水を大切に使うのである。昼間は村民の家を訪ね歩いて情報収集したり、鎮での会議に参加したりするが、土曜、日曜は休日となり、また何週間に一度は県城の自宅に帰って休息することも許されている。

こうして工作隊の活動のかなりの部分は、彼ら自身の身の回りの世話、なかでも日々三度三度の食事の準備に費やされる。普段の食事は、マントウや粥、麺類を主食に、キュウリ、レンコン、落花生などを洗面器いっぱいに漬け込んだものを副食とする。かなり質素ではあるが、マントウの小麦粉をこねるところからすべて自分たちで準備するので、結構な手間がかかる。

筆者はかつて博士論文の準備のために、1950年代の土地改革工作隊の経験者から多く聞き取りを行ったことがある。土地改革の指導は、日々の情報収集や大衆大会の開催のために、睡眠時間も削るほどの忙しさであった、と彼らは回想していた。それに比べると現代の工作隊は農民と接触することは少なく、身辺の雑事ばかりをせっせとこなしているようにみえる。

隊員の三人がひたすら真面目に規則正しく暮らしているいっぽうで、陳局長は鎮の幹部らとの宴会に繰り出していることが多かった。日曜日などは鎮の幹部や県内の企業家らを呼んで工作隊の居住地で宴会を開くこともあった。宴会なので当然、酒も出る。ナマコなど海産物をはじめ、ちょいと珍しい食材を仕入れて来ては、蓬萊市の政府・財界の知り合いを招き、自らの人脈形成のために活動しているようだ。彼は粗暴な気性に似合わず、料理にはマメであり、炒め物の最終的な調理は自ら担当し、最後にしっかりと味見をしてから皿をテーブルに運ばせるのだった。単調な村の生活のなか、「食」にはかなりの執着心をもっているようだった。

「大衆路線」の実践？

組織的立て直しを始めるための準備段階として、入村したばかりの工作隊員はまず村の全世帯の80％まで、つまり約200世帯への訪問を行い、問題の所在を発見することが義務付けられている。たとえば筆者が居合わせた3月8日の場合、午前中に5軒、午後2軒を訪問した。訪問の形式は、「何か要求はあるか」と尋ねて自由にしゃべってもらうというもの。かつての土地改革の場合だと、貧しい農民を訪ね生活の苦労について尋ねる（訪貧問苦）活動に相当するだろう。

奇妙であるのは、記録係の趙さんが時々簡単にメモをとる以外は、誰も農民の話に口を挟んだり確認したりはしないことである。いうなれば「聞きっぱなし」という感じである。すなわち彼らは、農家を訪問することで具体的に何か情報を得ようとしているというよりは、組織の指示にしたがって農家を訪問すること自体が目的であるようにみえた。あるいは農民の口から次々と溢れ出す細々とした具体的な訴えは、彼らには情報として瑣末で価値のないものに思えたのかもしれない。

81歳の独居老人宅を訪ねたことがあった。絶好の話相手が来たと思ったのか、老人は我々が部屋に入るなり、突っ立ったまま、椅子を勧めることもせず、しゃべり始めた。部屋には暖房用の石炭の匂いが充満し、椅子に腰掛けた若き毛沢東のポスターが貼ってある煤けた壁に染み付くようだった。床には如雨露の刺さったままの湯たんぽが転がり、汚れた子犬が短い尾を振って弱々しく歩き回る。

山東方言は初めての耳には非常に抵抗があったが、断片的には聞き取ることができる。老人は過去に41年間勤めた退役軍人であり、また局長級の幹部もやったことがある。文化大革命の時期には「懲役13年に処す」といわれた……現在の村の情勢とはおよそ関係のない身の上話が小一時間も延々と続いた。この間工作隊は一言も質問を発することも、メモをとることもなく突っ立ったままだった。なおも話し続けようとする老人を、ついに廖さんが遮って、逃げるようにその場を立ち去る。

彼らは村民が直面している具体的な問題に、さしたる関心を寄せていないようだった。工作隊への参加は自らの希望ではなく、どの機関から何人、という上からの割り当てによって強制的に決められる。これはかつての工作隊にも共通しているが、現在では「大衆」をキー・ワードとした強いイデオロギー的な規制も働かなくなっている。ここから、派遣幹部の活動も「官場」に生きるための処世の術となり下がっている。

工作隊はその日一日の活動を、毎日、所定の日誌にまとめることを義務付けられている。記録係の趙さんが神妙な面持ちで書いているのをチラと盗み見すると、「また新しい一日が始まった……我々は村民たちと非常に親しく交歓し……」のような他愛もない記述が目に入った。趙さんが思慮深そうな人物であるだけに、日誌の内容の無意味さは余計に衝撃的であった。

いっぽう、少なくとも筆者が滞在した5日間、陳局長が三人の隊員と一緒に農家を訪問したことは皆無だった。彼は県内の農村出身者なので、村のことならわざわざ歩き回るまでもなく承知している、という構えにもみえる。陳局長は村に身を置きつつも、常に意識を向けているのは鎮や県城の政界・財界の方らしい。宴会を好むのも、県の人脈に自らをつなぎ止める手段としてそれが不可欠だからであろう。少年時代に大躍進の飢饉（序章参照）を経験し、そこから叩き上げて県の幹部となった局長は、宴会を用いた関係作りの重要さを誰よりもわかっているに違いない。

分裂の構図

工作隊の派遣は、基層にたいする上のレベルの不信感（第3章）、ないしは基層自身の問題解決能力の不足に関連して行われる。ここから、工作隊は現地の基層幹部からは一定の距離を置いて活動するというのが、どのような場合でも基本構図となる。工作隊は村のオフィスを訪問することはないし、村の幹部から事情を聴取することもない。

5日間、村のなかにいて幹部たちの存在がまるで感じられてこないというのは、ある意味、不気味でさえあった。それまでの北京菜村の調査であれば、まず村全体の事情を熟知している、孫記平など村幹部にお世話になるのが常だったからだ。

ところが、いっさい姿をみたことがないと思っていた村の幹部に、実は何度も出会っていたことに気付いたのは、最終日、もう村を去る準備をしていたときであった。

これまでも時々姿を見せていたひょろりと背の高い優男が、この日も我々の住宅にやってきた。例によってダーク・スーツにチョッキを着込み、ズボンの裾は踵すれすれのところで止まっている。磨かれた革靴にはホコリ一つついていない。およそ農村らしからぬ出立ちである。何をするでもなく、所在なさげにポケットに手を突っ込み、筆者に話しかけてくる。こちらも彼のおしゃれな着こなしを褒めたりして、それとなく相手になっていた。

その物腰や服装から、てっきり陳局長が連れてきた鎮の幹部か、あるいは蓬萊市の幹部であろうと勝手に思い込んでいた。実は彼こそが、これまで村民の訴えのなかで、腐敗した悪役として再三、登場してきた村の書記だったのだ。全く迂闊だった。

工作隊員もこの優男を相手にするわけでもないが、かといってその場から追い払うわけでもなく、ごく自然に接しているので余計に気付かなかったのだ。

工作隊も人間である。何度も顔を合わせたことがあり、普通に言葉を交わしたことがある相手に、いざというとき、急に冷淡な態度をとることも難しいであろう。優男は「官」の端くれとして、そうした官場の論理を体得していた。それで、工作隊の標的が自分たち現職幹部であることを知っておりながら、ちょくちょく「顔を売りに」やってくるのだろう。

工作隊という電流の周りに形成される「磁場」は、幹部のみならず一般村民をも巻き込んで、それぞれの利害関係の相違による立場を顕在化させる。磁場の形成は、非常に目立たないものだが、人々の微妙な行動ぶりからはっきりとみてとれるものだった。

あるとき、隊員三人がたまたまみんな出払ってしまい、陳局長と筆者は二人だけの気まずい夕食をとっていた。そのとき、救世主が現れた。隣家に住む中年の村民が、片手に贈り物の海苔の入った袋をぶら下げ、にこやかに入ってきたのだ。

陳局長も沈黙に耐えかねていたのだろう、一気に弾みがついたように快活に相手を出迎えた。わざわざ工作隊を訪問するということは、この隣家の住民は腹に一物隠しもっているはずだが、簡単に手土産など受け取ってよいのだろうか。そう思い始めた矢先、数人の女性らしき人影が中庭に入ってくるのがみえた。

その婦人グループには、当日の昼間、筆者が散歩中に出会って話を聞いた女性も含まれていた。現職幹部たちが行っている不法な土地の売買や、村民にたいする横暴な集金について訴えたのだ。現在、村の耕地のうち、幹線道路両脇の一等地の大部分はそれを請け負っている農民の同意なく外部の企業に売却され、しかもそれにたいして何の補償もなされていないという。耕地の売却による収益がそのまま幹部たちのポケットに入り、彼らはそれで食べる、飲むのほか、豪邸を建てている。「役人ばかりが儲けている」（誰当官誰富）というフレーズが、言葉の間にしばしば挟まれる。新聞や雑誌の紙面では時々見かけていたこうしたシナリオも、現実に農民が涙を流しながら語るのを聞くと、大変なリアリティがあった。婦人らが現状を訴えるために工作隊を訪ねてもよいか、というので、かまわないと答えておいたのだ。

婦人連は用心深げに内部を窺いつつ台所の方から入ってきたが、隣家の村民の姿を認めると、「あいつが来ている……！」と露骨に嫌な顔をした。いっぽう、婦人連の来訪に気付いた隣家の村民は極めて不自然に暇を告げて、まるで逃げるようにその場を後にしたのだ。

こうした村民らの動きから、村の内部には利害関係によるある種の「分裂の構図」がみえ隠れするような気がしてきた。

そういえば、これまで工作隊とともに訪問した家庭でも、それぞれ現状への不満が出てくる点には変わりはないが、強調点には微妙な違いがあった。たとえばある家庭では、母親と若い娘が在宅であったが、二人はあまり口を開かず、その場に居合わせた友人らしき中年の婦人がもっぱら水利の問題について不満を述べた。それまでも耕地の灌漑が困難であることは、「天に頼って飯を食う」（靠天吃飯）現状への嘆きとして、多くの農民の訴えるところとなっていた。しかし、それまでは灌漑の不便が幹部への批判とワンセットで出てきたのにたいしここでは「貧しいので仕方がない」という諦めの口調が前面に出ていた。井戸を掘っても水そのものがすぐに涸れてしまうのだという。その意味で、第1章にみた中国農民の運命論の延長線上にある口調である。

もしもこの村に「分裂の構図」があるとすれば、水利の問題に関してはそれを人災と捉えるか、天災と捉えるかの違いに現れるのではないか。すなわち幹部に近い関係をもつことで何らかの恩恵をこうむっている村民は、たとえ灌漑が不便でも、これを天災と捉え、逆に幹部グループから遠く、耕地を売却されるなど虐げられている村民はこれを人災として捉え不満を訴える傾向にあるのではないか。

ぞっとする拒絶

こうした漠然とした感触がほぼ確信に変わったのが、ある若い農民を自宅に訪ねた最終日前夜のことであった。彼には数日前、畑のなかで作物などについて事情を聞いたことがあった。家族状況や耕地請負状況について尋ねた後、請負費の支払額に筆者の質問が及んだ。この話題になったとき、彼はやや慌てた様子で、請負費というものはなく、土地税であり、という話にもっていこうとしたが、最後は「複雑でよくわからない」というような結論になった。それは、いかにも不自然な取り繕いにみえた。

ふと気付くと、隣室で夕食の準備をしていたはずの夫人が、いつの間にか横に立っている。食事の支度ができたのだろうと思い、いずれにせよ退散しようとして「お邪魔しました」と声をかけたが、彼女はその能面のような表情をピクリとも動かさない。それは不審な闖入者にたいする、ぞっとするまでに徹底した拒絶であった。

続いて夫婦の間では、「そういうことは『大隊』で説明させればよいことじゃないの」「ただのおしゃべりだ。かまうもんか」というようなやり合いがひとしきりあった。大いに慌てて退散しようとする筆者を、夫はやや済まなさそうに門まで送ってくれた。

若い妻は夕飯を準備しながらも、隣室の会話に聞き耳を立てていたに違いない。そして得体の知れぬよそ者に、人のいい夫が余計なことをしゃべらないよう、警戒していたものとみられる。

別の村民によれば、幹部グループの側につく人間は、立場が微妙なものを含め村内で半分くらいはいるのではないか、ということだった。こういう現職幹部につながる村民は、おそらくは耕地の請負費を含め、各種の費用の徴収を免除されるなど、さまざまな恩恵を受けているのだろう。若い農民の家庭もそうした世帯の一つであり、妻の拒絶反応も、要らぬことを口外して現在の立場を危うくしないため、と捉えると辻褄（つじつま）が合う。もしも何もなければ、あのような態度をとるはずがない。

基層幹部よりも警戒すべきは……

20年以上を経た現在も、このときの経験を時折、思い出す。

第2章にみたとおり、農村基層幹部は国家の仕事を代行し、大国の基底部分を支えている。

彼らのリーダーシップが村の公共性を支えていることは間違いない。同時に、急速に中国経済が発展した21世紀、経済的利権が基層幹部の私的な家族主義を刺激してしまう機会もままある。有力者グループが、私的営為をもって村の公共性を侵食する場合も出てくる。他方、そうした営為に不満をもちながらも、自らの「代表」をもたない孤立分散した農民世帯は、内部での問題解決において非常に無力なことが多い。そこで本節にみた村民らの一部のように、農民は外部の政治的権威、すなわち上のレベルの政府に頼んで、問題を解決してくれることを切望する。既述のように政府の側は、既存の基層幹部とその問題解決能力にたいして常に潜在的な不信感を抱いている。これが「基層幹部制御の政治」の基本構図であり、村レベル選挙（第3章）や工作隊派遣の政府側の道理である。

ところで、以上のエピソードがなぜ農村調査の「失敗」に当たるのかと、怪訝に思われる読者がいるかもしれない。注意すべき点は、工作隊は村幹部と同等か、あるいはそれ以上に、この外国からの闖入者を警戒していたことである。

村を引き上げた数日後、蓬莱市内の日本人縁者宅で過ごしていた筆者を、国家安全部の幹部数人が訪ねてきた。まるで刑事ドラマのように、黒い革の手帳をちらりと見せる。明らかに、陳局長の通報による結果である。

事情を聴取され、パソコンの中身を写し取られたうえ、許可なく「調査」を行ったことについての「反省文」も書かされた。だがどこかに拘束されることもなく、帰国まで引き続き知人宅に滞在することも許された。その意味で、2003年当時はまだ緩やかな時代だったといえるかもしれない。そもそも政府の工作隊と一緒に行動するなど、現在であれば想像することすらできない。

貴州調査（2010年）

2006年に江西花村への訪問を始めたあたりで、筆者の農村根拠地開拓の基本的なパターンが確立されてきた。新しい研究拠点を開拓する必要があるとする。すると、まずは上海の華東師範大学で大学教員をしている顔の広い詹（せん）さんを通じ、希望する地域出身の学生を紹介してもらう。詹さんは日本留学の経験があり、筆者とは大学院の同窓の関係にある。

紹介してもらう学生は、理想的には大学院の修士課程くらいの院生がよい。なぜかというと、大学の学部生では研究がどういうものなのか、何のためにやるのか、社会調査がどういうものなのか知らない場合が多い。いっぽうで博士課程の院生だと逆に自分自身の研究スタイルが完成されすぎていて、こちらのやり方に合わせてくれない場合があるからだ。

候補の学生が見つかると、研究協力の承諾を得たうえで、一緒に学生の出身地にいく。協力者の仕事は主に二つ。一つは現地につながる彼／彼女らの家族のネットワークを使用させてもらうこと。中国では、現地との「つながり」がないとそもそも調査自体が展開できないので、これは最重要。親戚に幹部がいたりして、有力な家族であればなお好都合である。もう一つは、現地で調査者と行動を共にし、特に「方言通訳」としても働いてもらうことだ。各地の農村で生活する人同士の方言、特に高齢の方の言葉を聞き取るのは至難の業である。

協力者への謝礼として、一度の同行、10日間程度の村の調査につき5000元を支払う。日本円にすると10万円ほどである。2023年の現在であれば、5000元の価値はかなり下がってしまっただろうが、10年前の学生にとってはまずまずの報酬だったはずである。

中国西南部、貴州省での根拠地探しもこうして始まった。まず、例によって詹さんに、貴州出身の学生が周囲にいないかどうか打診してみた。大学院生では心当たりがないが、学部生なら一人いるという。隆艶（りゅうえん）という女子学生である。2010年8月、甘粛麦村の調査を終えたその足で、貴州省黔西南（けんせいなん）プィ族苗族自治州の中心都市、興義（こうぎ）の実家に帰省中の彼女を訪ねた。

2010年の段階では政府の「西部大開発」も深化して、貴州のような山岳地帯にも次々と高速道路が開通し始めていた。州都の貴陽から省の西南端にある興義まで、高速バスを飛ばしてわずか5時間ほどで到着してしまう。

まずは広範囲を対象に、調査の候補地、「根拠地」にふさわしい村を探す作業である。その過程で第1章でも触れた黔西南州内の貞豊県を訪れ、数泊した際のこと。隆艶と彼女の高校の元クラスメイトたち４人ほどで、ある村の実家に帰省中の医学部生を訪ねた。彼によると、この村では伝統的な農村の手工業として紙漉き(かみすき)が今でも続いており、地場産業として成り立っているという。興味深いので、紙漉きの現場を見学に出かけた。

初めての調査地にいく際は、静かに、目立たないように行動するのが肝要である。だが、このときは村民が伝統的な石造りの水槽で手漉(てすき)用の簀桁(すけた)を用いて作業をしているのに興味を惹かれ、不用意にも数枚、写真を撮ってしまった。また大学生のグループで目立ってしまったのもいけなかった。さらにまずいことに、その村出身の医学部生が、筆者が日本人であることを村民にベラベラとしゃべってしまった。

便利な村の落とし穴

そこからは急速な展開で、村に着いてわずか30分ほどしか経っていないのに、猛スピードで公安の車が駆けつけた。村民の誰かが通報したのである。「日本人が来て写真をバチバチ撮っていますよ！」と。無理もない。２０１０年、携帯はすでにかなり普及していたし、道路も素晴らしくよいときている。

「何をしている？」

「ちょっと署まで来てもらおうか」

というわけで、大学生らとともに公安派出所まで連れていかれ、事情を聞かれる。

「政府の許可なく勝手に『調査』しているのだな」

「すいません。自分は日本の大学の研究者で、『調査』というより、純粋に中国の農村社会の発展ぶりと特徴を理解しようと思って、拠点となりそうな村を探しているのです……」

ここはできるだけ正直に、誠実に説明するに限る。「調査」という中国語には、学術的な意味合いよりは、諜報活動的なニュアンスがつきまとう。このニュアンスを避けるのであれば、「考察」ないしは「調研」などと言い換えた方がよい。

ところが研究協力者の大学2年生の女子、隆艶は血気盛んで、公安に刃向かう。

「おい！　てめえらの警察手帳を見せてみろってんだよ。あとで親戚の関係者に知らせて、処分してもらうからな！」などと絡む。公安の男性も「何を生意気なっ！」とすごい目で睨んでくる。

あわや一触即発的な空気に。

「まあ、まあ、まあ……」と逆に筆者は彼女を宥め、「ここは自分らが引っ込めば済むことだから」と場を収める。

実際、公安が駆けつけてしまった時点で、この村を拠点調査地にできる可能性は絶たれているといってよい。どれだけ交渉しても無駄である。あとは低姿勢を通し、さっさと引き上げるに限るのである。普通、彼らの管轄するテリトリーから出てしまえば、わざわざ追ってくることはない。中国の「官場」の人々にとっては、自分の管轄範囲で問題が起きないことだけが重要である。

こうしてこの日は、付近の湖水に隣接した景観地までパトカーで送ってもらい、その後の行程は観光に切り替えることにした。

こちらが素直に「非」を認めれば、中国の公安だって人の子、意外に親切なのである。隆艶も「さっきはあなた、とっても怖かったですよ〜」などと普通に公安と話している。

さて、「転んでもタダでは起きない」ために、この農村調査の失敗から何を学びとるか？

都市部に近いか、あるいは舗装された幹線道路に隣接した村は、中国農村調査の研究拠点としてはふさわしくないということである。道がよく、研究者にとってアクセスがよい便利な村は、外国人研究者を捕まえに（追い出しに）くる公安にとっても便利な村だからだ。

もちろんこれは、やや表層的にすぎる理由である。もう一つ、より本質的な理由として「代表性」の問題がある。代表性というとわかりにくいが、要は「その村はあなたが知りたいと思っている対象地域のなかで、どれくらい普通の村ですか？」ということ。

村を選ぶのは対象地域をよりよく知るためだから、地域全体のなかで、普通ではない、特殊な村を選んでしまうと、全体的な理解も偏ってきてしまう。だから、少なくとも社会学的な農村調査では、できるだけ「普通の村」を選んで重点的に調べるのである。

２０１０年の貴州農村で、都市化した村、幹線道路に隣接して便利な村はまだまだ少数で、現地の平均的な農村よりも恵まれ、豊かである可能性が高い。考えてみれば、この村で紙漉きが地場産業として新たに展開できているのも、製品の集荷に便利な交通条件があるからである。

「うまい話には裏がある」のが世の常だが、農村調査に便利な村というのもどこかに落とし穴が潜んでおり、疑ってかかる必要があるようだ。だから、見通しのよい表通りを歩くのは避け、不便な横道や裏道に入り込んで、地味な村を手探りで探すのがよい。少なくともそちらの方が、自分の性分には合っている。

以上、およそ２０１０年頃までの農村調査の失敗はさまざまな原因で引き起こされたが、外国人が現地に入り込む隙間そのものは、緩やかな形で残されていた。この隙間が２０１０年代後半に向けて、徐々に狭められていくことになる。引き続きエピソードをみていこう。

2　習近平以後の失敗

河南調査（2012年）

河南（かなん）は中華文明の揺籃（ようらん）として数千年来、人類が攻防の歴史を繰り広げてきた。地形は平坦で、農村部でも人口圧力が高く、限られた資源を奪い合って生き残るための激しい競争が展開されてきた。中華民国期にあっても、農民が匪賊に転じ、村々は自衛のために武装化を進めざるを得なかった。

そのような土地柄のせいか、河南省新野（しんや）県の人々も、よそ者にたいしある種の排他的な雰囲気を漂わせている。村を歩いていて、遊んでいる子供たちに話しかけたりすると、通りかかった村人に、「子供を騙（だま）すつもりか？」などといわれる。中国国内でもよく話題になる河南人のステレオタイプは「詐欺師」（騙子）である。

筆者は知り合いのつてで2012、13、14年と三度にわたり同県での農村調査を試みたが、この3回の調査は、ただでさえ効率の悪い自分のフィールド・ワークのなかでもかなり情報の生産性が低く、有り体にいえば失敗した部類に入る。

2012年の8月に住み込んだ最初の村では、数日後に県の外人弁公室の幹部らが駆けつけ、出ていかざるを得なくなった。そこで翌2013年には、同じ紹介者を通じて、県内の別の鎮の人を訪ねることにした。

村に続く長い道

筆者の農村調査の原則は、村のなかに住み込むことにある。村に住むことで、言語的な情報の障碍をかなりの程度、直接的な観察で補うことができる。そのメリットは大きい。ところが、2013、14年の新野県では最後までそれが叶わなかった。村より一つ上の、鎮の中心地で開業医をしていた李さんの世話になり、やけに部屋数の多い彼の自宅に泊めてもらう。そのうえで、目星をつけた村に徒歩で通うという方法でしばらく粘ったが、最後まで村に住み込むことは叶わなかった。原因はおそらく二つ。人間関係が村の内部にまでつながらなかったことと、日本人という調査者の身分である。

村に住み込むには、直接的な、信頼できる人間関係を辿っていく必要がある。残念ながら、鎮に住む医師である李さんのネットワークのなかに、筆者が目星をつけたZ村につながる人はおらず、インフォーマント(情報提供者)を探すのも李さんの友人の、近隣の村の医師である岳さんのつてを頼らねばならなかった。

さらに河南省では、概して、「日本人」の印象が極めて悪い。筆者も身分を明かすことができず、広東省出身者の振りをして村に入り込もうとしていた。李さん一家だけは筆者が日本人であることを知っている。岳さんとはしばらく話すうち、外国人であることを見破られてしまった(当然である)。だが、最終的には酒を飲んで友達になり、調査に協力してくれるようになった。

日本人の感覚だと理解しにくいが、李さんは医者として病院を経営しつつも、同時に副業として養豚場の経営に乗り出そうと奮闘中であった（副業としての養豚の強さについては第1章で触れた）。ガンガン稼いで、上を目指すハングリー精神を剝き出しにした河南人なのである。毎日、県政府の商工部門、農業部門などを駆け回ってとても忙しそうであった。

いっぽう、現地の農村に入り込むべく、筆者は毎日一人で周囲の農村を歩き回ったが、高い壁に阻まれ、いかんともしがたかった。

ひたすら鍋を食う

このように効率の悪い農村調査の日々のなかで、ホストの李さんが決して手を抜かなかったことがある。それは筆者と一緒に昼食と夕食を食べることである。一人で村々を彷徨（さまよ）っているときも、昼近くになると必ず李さんから携帯に連絡が入り、鎮や幹線道路脇の料理屋に連れていかれる。食事だけはおろそかにしないのである。

12月の河南はそこそこに寒い。しかも、東北や華北と異なり、中途半端な寒さであるがゆえ、河南南部では暖房設備がほとんど設置されていないのがタチが悪い。冬の寒さは直接身体に染み込んでくる。李さんは「寒い時期はじきに過ぎてしまうわい！」などといいつつ、足先が冷たくなるのに堪えきれず、地団駄を踏むように足を床に打ち付けている。

暖房なしで暖をとるには、体のなかから温めるしかない。そんなわけで、この12月の訪問時には毎日のように鍋料理を食べていた。夜は夜で、李さんの養豚ビジネスに陰に陽に絡んでくるような新野県各界の人士らと円卓を囲んでの宴会が繰り広げられる。

「飽食終日、無所用心」

四六時中満腹していて何も考えない、という中国語が思い浮かんだ。フィールドの情報はまるっきり入ってこないのに、飯ばかり食らっている、そんな自分の状況を表すように思えた。

もっとも、日本人の身分がバレないように口数を減らしつつ、彼らが飲んで騒いで互いに関係を作っていく様をつぶさに観察した日々は、今思い返すと、中国社会（河南社会）を知るための一つの生きた授業であったわけだ。

要するに何がいいたいのか？

中国（河南）社会の日常生活には、一見していい加減でバラバラに散らばっている部分が目につくが、そのいっぽうで、きちんと押さえる部分もあるのである。

大事なのは「共食」という結節点が存在することである。この結節点があればこそ、その他の部分は多少、いい加減でも許されるのである。

李さんや岳さんにとって、客人である筆者の「農村調査」の目的が意に沿うようにきちんと達成されるかどうかなど、ある意味、どうでもいいことなのだ。大事なのは、礼をもって客人をもてなしたかどうかである。そして、もてなすことは、食べることである。共食こそが結節点であり、中国の社会関係が交わり、新しく形成される場である。

失敗の二要因

思うに、中国農村調査の失敗（成功）には二つの要素が作用する。

一つは「関係」の失敗で、一過性ではなく、ずっと付き合っていける「身内」として中国の民に受け入れられていないことによる失敗である。独特の狭さをもつ家族主義的な中国の民に、ある程度、人として信頼してもらい、その親密圏に近づくためには、それなりの時間や誠意が必要になってくる。

『草の根』の「あとがき」でも触れた、北京の教授の筆者への助言をもう一度、引いておこう。

「農民がお前を相手にしてくれないとすれば、それはお前の調査が政治的に敏感であるとか、そういう問題ではなくて、彼らは単に自分に関係のない人間と付き合うのが面倒くさいだけさ。逆に彼らと友達になりさえすれば、何でも自分から話してくれる。村に入ったら、最初の何日かは何にもせずに、ぶらぶら散歩して、酒でも飲んで、ただ遊んでいればいいよ。そのうち気の合う人間が現れるから、そういう連中とおしゃべりをしているうちに自然に欲しい情報は入ってくるさ」

自分に関係のない人間と付き合うのが面倒くさい、というのは家族主義者である中国農民の心情を的確に代弁している。

もう一つは、政治的環境による失敗である。これは権威主義体制の国で活動する際に外国人が直面する独特のハードルであろう。しかもこのハードルは、２０１０年代に入って大いに高まった。

前述のとおり、河南省の調査はほぼ失敗に終わる。２０１２年は政治的に排除されたために、２０１３、14年は村の内部につながる「関係」を探り当てられなかったため、しかしより根源を辿れば外国人という身分のため、やはり政治的に失敗したのである。ただこれらの失敗は、研究者自身の努力では克服できないので、いかんともしがたい。

幻の山西調査（２０１５年）

そのようななかで、河南の隣、同じ「中部」地域の「北部」に位置する山西には、かねてから興味をもっていた。農民があまり外省に出稼ぎにいきたがらない特徴や、県域のなかで県城に人口が集中しがちな点なども含め、調べてみたいポイントがいろいろとあったからである。

そこで、新しい定点観測地点を作れないかどうか、前述の北京の教授に頼んで、山西省の知り合いがいないかどうか訊ねてみた。すると、教授の仲のよい友人に、山西省忻州市（地区レベル市）の観光保護局の副局長がいることがわかった。

メールで筆者の希望を伝えたのちに、直接、この呉さんという幹部に国際電話をしてみた。何回かのコールののち、

「ウェイ？」（もしもし）と返事が。

「あ、呉さんの電話ですか？　こちら日本の東京大学の田原と申しますが……」

「かけ間違いです」

「あ、間違いですか？」

「はい。かけ間違いです……ゴメンナサイ」

電話を切った後に、「おや？」と感じた。

間違い電話をかけてきた相手に、「ゴメンナサイ」なんていうだろうか？

北京の教授にもらった番号をもう一度確認してもらったが、間違ってはいなかった。その日のうちに8回ほど、電話してみたが、コール音が鳴るばかりでつながらなかった。

相手がこちらを恐れていることは、どうやら間違いなかった。

呉さんからは、しかし、その後、丁寧なメールの返信が来た。調査には協力してもよいが、問題は、自分は共産党員であり政府の幹部でもあるので、調査に当たっては政府の公式の許可をとってほしいとのこと。

うーん、こちらとしては、政府の許可が降りるはずがないと知っているからこそ、個人的なネットワークで村に辿り着こうとしているのだが……。

こうしてみれば、「官」の世界に生きる人々の論理は「民」の人々とはよほど異なっている。「民」の人々の基本的な行動原理は、繰り返しみたとおり、自分の家庭を繁栄させ、子孫を残していくことに尽きる。

これにたいし、いったん「官」の世界に入った人々は、自分の管轄するテリトリーで余計なことが起きないように見張っていなければならない。彼ら・彼女らは巨大な官僚制のヒエラルキーのなかで生きているのであり、余計なことが起きると1級上の「官」から叱責（しっせき）を受けることになる。いきおい、保身が生きる術になる。

「余計なこと」のなかには外国人の調査も含まれる。自分のテリトリーの実態を外国人に調査させたからといって、官の人たちにとって何もいいことはない。それでも、政府からのお墨付きが出ているのであれば、幹部個人が責任を問われることもないので、まだマシである。

「こちらは純粋な学術研究で、中国の暗い側面を暴こうなどというつもりはないのですよ」といったとしても、そんなことは関係ない。中国の「官場」の人々に、「学術研究」や「国際交流」そのものにいささかの価値を見出す人は、ほとんどいないといってもよい。幹部としての査定のなかに「国際文化交流」という項目もない。要は、百害あって一利なし、なのである。

麦村との別れ——甘粛調査（2016年）

2016年、7月30日、約1年ぶりに甘粛麦村を訪ねた。

前年5月の訪問は好感触だった。林書記は筆者を自宅に泊めてくれた上、「飲もう飲もう」と誘われて、村民数人で酒も飲んでいた。この回の調査も、当然うまくいくものと考え、飛び込みで訪ねたのだった。昼前の時間帯、書記は不在で、たまたま息子の一人がいたので屋内に通してもらった。

居間で、前回までのフィールド・ノートをまとめた原稿を眺めていたそのとき、書記がやや慌てた様子で帰宅する。筆者の原稿にちらりと目をやる。続いて緊迫した様子で、以下のようなことを筆者に話した。

「今、民衆は外国や日本にたいして非常に情緒不安定な状況だ」

「もし今、村で調査をすると、暴力沙汰が起こる可能性もあるぞ」

「俺はこういった事態に責任はとれない」

「最近、中国政府は抗日（戦争）関連の宣伝に力を入れていて、一般庶民はそれに影響を受けているんだ」

「現在の農村優遇資金の配分の仕方に、民衆はどんどん不満をもつようになっていて、もっとくれ、もっとくれといっている」

「なので、今回はできるだけ村に滞在しないようにして、調査もできるだけ抑えて、村民と接触することも控えてほしい。そして細かい問題は聞かないでほしい」

「今、村民をコントロールするのはとても難しい。不満がどんどん出る。もしお前が村民と交流しすぎると、必ず俺たち村の幹部にたいする不満が出てくる。上のレベルの政府の安定維持（維穏）の角度からみても、面倒な導火線に火をつけるようなことは避けるべきだ」

「今、村の小さい道の補修をやっているんだが、政府の補助には条件がついていて、3世帯が連合して道路を作るなら資金を出すが、2世帯や単独世帯では資金を出さないといっている。しかし実際は、このぐらいの世帯をまとめることさえ困難だ」

「今は貧困削減（扶貧）関係の資金があるが、定数に限りがあって、誰に分けたとしても必ず不満が出る」

「この村でも、農民の陳情行動が出ている」

「人々の関係も昔みたいに和気あいあいとはいかない。みんな小金をもつようになったら、もっとよこせ、もっとよこせとなってきたんだ」

どうやら、この1年の間に農村の調査環境はずいぶん厳しいものになってしまったようだ。前回、筆者を村に受け入れたことで、書記は鎮政府からかなりキツくダメ出しをされたに違いない。今回の書記の態度は、事実上の入村拒否になる。

はるばる何千キロの彼方から、海を越えて会いにきたのだが……。

それでも書記は、筆者と助手の章旋（しょうせん）に昼飯を出してくれた。だが以前のように、車で県城まで送ってくれることはなく、踵を返すように仕事に戻ってしまった。

仕方なく、村から鎮の中心地までスーツケースをゴロゴロ引っ張って徒歩で戻るしかなかった。舗装されているとはいえ、路面の状態はよくなかったおかげで、ケースの底のローラーを破損してしまった。

今回のもう一つの変化は、今まで政治的パトロンとして、いざというとき口を利いてくれた人たちにも、それができなくなっていたことである。

麦村の調査に当たり、折に触れて援助の手を差し伸べてくれていたのは、西和県を管轄する隴南市検察院院長のポストにある章祺の姑夫（父の姉妹の夫）や県司法局幹部の叔父である。姑夫の実家は麦村から徒歩でいける隣村にあり、麦村の林書記とも親しかったのである。

2010年、第1章でも触れた村民の葬儀を観察していた際、筆者の村での調査について聞きつけた鎮司法所の幹部が事情聴取にやってきたことがあった。このような際にも、姑夫や叔父が裏で口を利いてくれたおかげで、なんとか切り抜けることができた。

ところが習近平の時代に入ってからは、外国人である筆者を庇護(ひご)することは幹部たちにとっても政治リスクが伴う行為になってしまった。かつては存在した豊かな「自由の隙間」ともいうべき空間が、極度に狭まってしまったのである。

前回から筆者の助手として働いてくれている大学生の章旋は章祺の従妹に当たり、県司法局幹部の叔父の娘である。筆者の滞在予定は2週間ほどあった。麦村への入村を拒絶されたのちも、引き続き、県城の近郊にある彼女らの家に滞在させてもらい、県内の各地を訪問して回った。

章旋は生真面目な長女タイプ。助手の仕事はちゃんとこなしてくれ、現地語の通訳としても優秀なのだが、決して道を踏み外さないタイプで、必要のないことはいわない。日本を含む国外の状況にも関心はなさそうで、何も聞いてくることはない。

彼女の行動ぶり、あるいは方言通訳をしてくれる口ぶりを通じて、今回の筆者の滞在が彼らの家族にとって一つの「リスク」になっていることを暗に伝えてくる。申し訳ない気分になった。幹部家庭として、彼らとて自分たちの身を守る必要がある。

滞在を終え、別れ際、「お世話になりました。また来られたら来ますね」と叔父に声をかけてみた。彼は微笑したまま、何も答えなかった。

結局、西和県での調査はこの２０１６年８月が最後になった。帰国後、章旋に何度かメールしてみたが、返信はなかった。

３　「オレ流」中国農村調査

失敗すると、人間は考える。次はどうすればいいのか？　というふうに考える。

ここまで述べてきた数々の失敗から、どのように中国での農村調査を展開していけばいいのか？　将来、中国農村が再び外に向かって開かれたときのため、曲がりなりにも調査ができていた時代の、自分なりの手法についてまとめておくことは、「失敗者」の責務でもあろう。「失敗」というとネガティブになってしまうが、それらの経験を経て自分が今、どのような農村調査を「好む」のかという形で以下にまとめ、本章を締めくくりたい。

現場を好む

まずは「現場」。

フィールド・ワークを続けながら、常に筆者の頭の片隅にあったのは、「読万巻書、行万里路」（一万冊の書を読み、一万里の道をいけ）という中国語の格言である。

読書量もフィールド・ワークも超人的な、マッチョで精力的な研究者を目指せ、というふうにも聞こえる。しかし、筆者の勝手な解釈では、この句の要はむしろエネルギーの節約にある。

農村研究に引き付けていえば、まず先に「現場」での実践＝フィールド・ワークを始めてしまい、現場感覚を身体化したうえで理論＝文献研究に進むということである。筆者は二〇年の間に、事例となった中国の村々を「定点観測」の手法で繰り返し訪れ、農家に住み込んで、人々の行動ぶりをまずは自分の身体で感じることから研究に着手してきた。他方で、その感覚を文献により裏付ける作業は、フィールドから大学の研究室に戻ってから、いつも「後付け」だった。

いい加減なようだが、このやり方にはよい面もある。一つは、「万里の道」を文献調査に先駆けて歩き始めることで、読むべき書物はおのずと絞られてくる。さらには、現場の経験によって文献資料の情報が文脈化・血肉化され、立体的に立ち上がってくることである。つまり、現場を知らないままやみくもに万巻の書に立ち向かう際の無駄を省くことができるのである。

日本の民俗学の始祖で農政官僚でもあった柳田國男(やなぎだくにお)が内閣記録課長を務めていた頃、膨大な本で埋まる書庫を整理していて思ったという。「書物で学ぼうとしたら一生あっても足りない。実地に即して調べていく方が効果がありはしないか……」。こうして「実地に即して調べる」「歩くことが学問だ」ということが柳田の確信になっていったという。「現場」のもつ不思議な調律作用は、筆者も常々感じているところである。

単独を好む

チームではなく、単独での調査を好む。それは本章に紹介した雲南調査のときのような失敗経験からきている。

まあ、これは個人的な資質に大きく左右されるのだが、自分の場合、日本社会をそのまま農村調査の現地に持ち込むような環境だと、気を遣って萎縮(いしゅく)してしまうからである。調査団内の人々との関係に気を遣いすぎると、その分、現場の雰囲気を感じとるセンサーも鈍ってしまう。万一、チーム内で不愉快な揉め事など起こればなおさらである。プロジェクト型調査はとかく、宴会などで形式に流れやすいし、自由度が低い。なので、自分はあくまで単独で行動することを好む。

もちろん単独といっても、本書に述べたように、現地語の達者な協力者とともに高い機動性を保って自由に現場を歩き回るのが原則である。もしも多少なりとも選択の余地があるのであれば、調査団の形ではなく単独で調査するのがよいかと思う。

平凡を好む

社会科学の研究では、しばしばケース・スタディの方法がとられる。『草の根』でも広大な中国の四つの地域に散らばる四つの村が事例とされている。ケース・スタディを行うと必ず質問されるのが、なぜ、それらをケースとして取り上げたか、という点である。

筆者は常々、ケース・スタディには――中国語風の表現を借用するならば――大きく「典型」としての意義と「代表」としての意義があると思っている。

まず「典型」としての事例研究の意義というのは、ある意味、特徴的な地域や特異な現象の観察を発端とし、その背後にある大きな構造を分析したり、社会全体の変化の趨勢(すうせい)を探ったりするような研究である。中国農村社会に即していえば、貧困、暴動、陳情、土地収用をめぐる衝突などの目立った現象や、あるいは逆に際立った模範的事例への着眼がある。近年メディアでも大きく取り上げられた広東省の烏坎村(うかんそん)（土地収用補償金分配をめぐる村幹部と村民の対立、村民のデモが地方政府も巻き込んだ騒動に発展）や、「スーパー・ビレッジ」として名高い河南省南街村(なんがいそん)、江蘇省華西村(かせいそん)（巨大な集団経済を村指導部が牽引(けんいん)し、村民への高福利を実現）などを取り上げた調査研究がこれに当たる。

他方、「代表」としての事例研究の意義というのは、変化の趨勢や構造というよりは、その時点での大多数の社会的現実、平均的で平凡な暮らしの様相をリアルに提示することである。たとえばある学校の一クラスの全体像をつかむのに、問題児ばかりを追いかけるのもダメだが、数の少ない優等生ばかりに注目するのも問題であろう。一般的なクラスには大した優等生も、問題児も見当たらないかもしれない。

賀雪峰(がせっぽう)教授ら中国国内の一部の農村研究者も、少数の特殊な事例に着目するよりは、「80％の村の80％の現実」をみる必要を説いている。これも、忘れられがちな代表意義を備えたケース・スタディの必要性を喚起する主張であろう。

典型と代表は、「点」と「面」の関係として捉えてもよい。点は、数は少ないが社会の変化に伴うさまざまな問題点や矛盾、時代の特徴が噴出するポイントである。面は大多数の社会的現実を反映し、点の影響を受けつつも、緩慢にしか変化しない部分である。問題は、人はとかく変化するものに目を奪われること。だがスーパー・ビレッジの存在や、土地収用をめぐる陳情事件が発生しがちな都市近郊農村は点、あるいはせいぜい「線」のうえの出来事である。

典型事例を研究することに意味がないといっているのではない。そうではなく、典型としての事例研究が、代表としての事例研究と混同されることが危険だということである。

点や線の事例ばかり耳にしていると、あたかもそれらが広大な面の範囲でも発生している出来事だと錯覚してしまう。ベストセラー『ファクトフルネス』の著者らがいうとおり、「めったに起きないことのほうが、頻繁に起きることよりもニュースになりやすい（中略）わたしたちの頭の中は、めったに起きないことの情報で埋めつくされていく。注意しないと、実際にはめったに起きないことが、世界ではしょっちゅう起きていると錯覚してしまう」のである。

仮に香港のような、それ自体が小さな「点」であるような地域を問題にする場合、現象と全体の間の乖離は相対的に小さいだろう。ところが、中国大陸は懐の深い社会であり、点の背後にある「面」の部分が他の社会に比べ大きな深度をもっている。したがって、観察者が多少無理をして、思い切って奥地に踏み込んで調査しないことには、なかなか点と面を結合した全体像がみえてこないのである。

本書の記述からすでに明らかであろうが、筆者の農村調査の原則は、村のなかに住み込むことにある。プロジェクト型の農村調査だと村に住み込むことが想定されておらず、町のホテルから車で通う形になってしまうので、非常にもったいない。特に外国人研究者の場合、村に住んで、短期間でも住民として「暮らしてみる」ことで、言語に頼った情報収集能力の弱みをかなりの程度、直接的な観察で補うことができる。そのメリットは計りしれない。

村に住み込んだうえで、ぶらぶらと「散歩」することは意外に積極的な意味をもつ。村に住み込めたあとは、焦って誰かに質問を投げかけたりせず、まずは徹底的に集落内やその周辺を歩き回り、どこに何があるのか、村で何が行われているのか、農作物の状況など、感覚的につかんでおく。そのうえで、手製の地図を描く。今の時代はgoogleマップという便利なものがあるので、村の形を空から把握することも可能になった。こうした文明の利器をも使用しながら、どこに何があるか、実際に足で歩いた情報も組み合わせて地図を作るとよい。ミクロな眼差しが必要だ。

足で歩いて現地の基本的な状況を知っていれば、後々、村民に無駄な質問をしてしまわなくてもよくなる。おのずと必要な質問だけが浮かんでくるし、村民と共通の話題をもつこともできる。一見、ぶらぶら暇つぶししているだけのようにみえつつも、村の散歩には、日常、街で暮らしているときの何十倍もの密度の濃い時間が流れているのである。

出来事を好む

次に「出来事」である。

中国の行政村数は現在でも50万を超える。仮にその1万分の1の村を訪れるとしても、調査どころか、訪問するだけで一生かかってしまう。そこで、たとえば『草の根』では、全国に散らばるたった四つの村に的を絞り、それらの村の特徴を描き出すのにも、「出来事中心のアプローチ」と呼ぶ接近法をとっている。すなわち、村落生活の何から何まで調べ尽くすというのは到底、無理だと、腹をくくってしまうのである。

現地でも無理はせず、自分の知りたいことを根掘り葉掘り尋ねたりはしない。基本的には現地の人が見せてくれるもの、連れていってくれる場所、好んで語ってくれる思い出など、偶然かもしれないが現地で知り得る「小さな出来事」を大事にする。

その結果、小著『草の根』で紹介したような、過去から現在の村落生活に深くかかわる農地や山林の造営、灌漑・飲水施設の整備、村営企業の設立、道路作り、学校や教育環境の整備、定期市や宗教施設の設置、ひいては死者の埋葬に至るまで、住民が関心をもつ諸問題の解決、多種多様の小さな共同活動＝ガバナンスがみえてきた。

一つ一つの物語には、それぞれに異なる農村リーダーや住民たちが登場する。きっちりと定常的に役割を果たす組織や、固定的な財源があるわけではない。人々がその時々で利用可能な「資源」を探し出し、臨機応変に組み合わせ、循環させている様子を描けば、当該村落の特徴が何よりもビビッドに読者に伝わる。

このように、「出来事」に着眼することは、実はフィールド・ワークに投入可能な限られた時間と労力を節約しつつ、地域の特徴を描く方法でもある。絵画に喩えていえば、細かいパーツを一つ一つ根気強く組み上げるモザイクではなく、できるだけ無駄な線を省きながら、短時間で対象地域をスケッチする手法に近い。

反復を好む

次に「反復」である。

日本であれ欧米であれ、あるいは中国国内の研究者であれ、農村研究者のなかには、農村を自分のキャリアのための、あるいは博士論文などの執筆のための道具あるいは手段として捉える人が多いのではなかろうか。そのような人は、たとえ若い時分の一時期、現場に密着したとしても、いったん、学位が取得できたり就職ができたりすると、農村にいくことをやめてしまう。それは現場を自分の成功のための道具として使っているのと同じである。

だが、ある程度、長期的に反復することでジワジワわかってくることもある。

たとえば、「留守児童は中国農村の社会問題だ」というのは、中国内外を問わず広く流通している、いわば主流の言説であろう。筆者も当初、それを鵜呑みにしていたわけでもないが、江西花村に通い始めた当初、留守児童の中学生が授業をサボって宿舎から村に帰宅してゴロゴロしているのをみて、「これは問題だ」と書いてしまったこともあった（田原『発家致富』と出稼ぎ経済」）。

ところが何度も反復し、本書でも取り上げたような「差序格局」的なコミュニティの実態に触れるにつれ、あるときふと気付いた。「そもそも留守児童が発生するのは、安心して子供を委ねられるコミュニティがあるからではないのか？」と。

このように、現場を繰り返し訪れることの「思い入れ」について、大学院の中国人留学生に話をすることがあるが、彼らには今一つピンとこないようである。彼らにとって、国内の農村調査は通常、自分の家族が人脈を有する地域で展開され、「できて当たり前」だからであろう。だが私たち外国の研究者にとって、中国農村調査は「失敗して当たり前」なのである。1回しか来ない外部の人間を、家族主義者である中国農民は本気で相手にはしない。だからこそ、繰り返し現地を訪問し、農民にとっての「身内」に近い人間になる必要もある。現地の人の生活に関心を寄せ続けることが、とても大事なことに思える。

比較を好む

最後に「比較」。限られた個別具体的な対象をうまくスケッチするだけでは、まだ読者諸賢を納得させることは難しい。あるとき大学の授業で、村々の事例について語っていたところ、受講学生から「こんな細々とした村の研究に将来性はあるのか？」という趣旨のコメントをもらった。気持ちはわかる。将来のある若い学生はとかく国際政治などの「大きな話」が好きである。

村々の小さな物語を、ただそれだけのものに終わらせず、中国社会論としての理論的な含意を引き出し、大きな話の好きな読者にも興味をもってもらうためには、「比較」を通じて説明し、概念を作っていくことが必要だと思う。中国の農村に関する本書でも、北京市、山東省、江西省、貴州省、甘粛省というそれぞれが個性的な地域に位置する村々に即して比較を意識した説明を行ったし、一部の説明には、日本やインドとの比較も盛り込んだ。

比較は、物事を相対化して考える訓練になる。「白か黒」か「百かゼロ」か「善か悪か」のように単純化するのではなく、どの農村にもそれなりの文脈がある点に気付くために、比較は有用である。本章で述べたように失敗する経験があっても、いっぽうでまずまず成功する農村調査もある。万一、どこかで失敗しても悲観的にならず、「複数のフィールド同士を競わせてやる」、というくらいの気持ちの余裕も出てくる。

フィールドにたいする「思い入れ」とは矛盾するようだが、一人の相手に盲目的な恋をするのではなく、一定の距離を置きながら、複数の相手を冷静に比べつつ付き合うような姿勢が、農村研究にとっては有用だと思う。

コラム4　終わりなき熟人社会の宴——南方農村の飲酒

主食に意識を集中させる北方農村と明確なコントラストをなすのが、南方の江西花村や貴州石村である。今回は江西花村について記す。

家屋新築との関係で少し触れたとおり（第1章）、一般に南方の村は父系血縁が単位となり、兄弟たちが一緒に新しい地に移住して村が開かれ、人口が増加し、生成発展してきている。その結果、ある世帯にとって村内の隣近所は血縁関係者・近親者で構成されることになり、世帯ごとの心理的・物理的垣根が非常に低い。

いきおい、関係者がある家に集まっての日常的食事会が、特に農閑期には頻繁に行われる。家の主人の50歳の誕生日を祝う、などと何か理由がついたものもあるが、ほとんどの場合、確たる理由なくあちこちで酒宴が開かれている。北方農村での調査と異なり、花村滞在中は毎食、異なる家に呼ばれて食事をしている感覚がある。

食事の中心は、肉類を中心とした副食と酒である。だから食事というよりは酒盛りが中心で、割合に長時間、続くことも多い。

村でしばしば出くわしたのが、酒飲みゲーム（猜拳／劃拳などという）で、二人が同時に何本かの指を突き出しながら、1から10の数を叫び、二人の指の数の合計を言い当てた方が勝ち、負けた方が一杯飲み干す。このゲームに巻き込まれると短時間のうちに飲酒量が増大し、確実に潰れてしまうことになるので、注意が必要である。

このように酒宴化した花村の食事では、主食である米は最後の「締め」として一杯だけかき込む感じである。

花村の酒はモミ酒（稲谷酒）であり、自家製のドブロクである。精米する前のモミの状態で酒にするので、出来上がった酒は仄かなモミの香りを漂わせており、一口飲めば花村の田園風景がぱあ〜と脳裏に広がる。風土に根ざした酒だ。ビールは別として、花村村民は商店で売られているような既製品の白酒を忌避し、ドブロクを偏愛する。

花村の中心集落は87世帯ほどで構成され、村外で出稼ぎ中・就学中の者も含めれば人口は474人ほどだが、この程度の規模の集落にも3軒の酒造世帯がある。この3世帯は副業として酒造りに従事する一般の農家だが、独自の設備を使用し、全世帯の酒造りを引き受ける。酒の種類は日本酒のような醸造酒ではなく、中国の酒宴で欠かせない蒸留酒である白酒の一種である。度数は濃くしたり薄めたり、自由に調整するが、平均して50度といったところである。

村の各世帯は、自家で収穫したモミを持ち込んで酒にしてもらう。酒造りには現地の気候に合わせてちゃんと決まったシーズンがあり、3月から11月の間である。それ以外の気温が低い季節には発酵が進まない。しっかり発酵させるのに、15日から20日程度かかるそうだ。

花村での調査を開始した2006年当初、中国農村はようやく豊かになり始めたところで、食生活も外部からの来訪者にはかなり馴染みづらいものだった。この頃、客として酒宴に呼ばれると、たとえば10皿の内9皿が豚、鶏、犬（！）などの肉料理で、しかも油気と塩気が強い調理法で、すぐに喉を通らなくなったものである。肉の塩気が強い理由については、第1章の「養豚」の箇所ですでに述べた。

筆者は、海外農村調査に携わる者として、基本的に食べ物は何でも受け付けるタチである。しかし、花村の味の濃い肉ばかりの料理には正直、参った。まだまだ貧しかった当時、主家の側も、客人に肉を出さねば面子が立たない、という感覚にとらわれていたのだろう。

その後、村が豊かになるにつれ、花村の酒宴にも野菜料理が増え、肉の味付けも改善され、近年では全く純粋に食事を楽しむことができるようになった。当初は容易には入り込めない、彼岸の世界だった花村が、自分の身体の一部になっていくような、不思議な感覚にとらわれた。

第5章　農村は消滅するのか？——都市化政策と農村の変化

1　農民にとっての都市化

習近平政権は２０２２年10月に開催された第20回党大会をもって執政10年を迎え、さらには第３期目に突入した。農村社会の側からこの10年間を総括するなら、それは政府の「新型都市化政策」への対応、という一点から理解可能なように思う。

中共中央・国務院「国家新型城鎮化規劃（２０１４～20年）」では、「常住人口」における都市化率を、２０１２年の52・６％から２０２０年には60％程度に増加させるとしていた。都市の「常住人口」とは、戸籍の有無にかかわらず、ある時点で大小各種の都市に半年以上、居住している人口、およびその都市の戸籍を有しており、他地区に移動して半年未満の人口を指す。同時に、戸籍人口における都市化率（都市戸籍の保有者）については2012年の35・3％から2020年には45％程度に引き上げることを計画していた。

このような目標値を掲げた政府の都市化シナリオのポイントは、①沿海部の偏重を糾し、中部および西部に新しい都市群を発展させる、②沿海部の建設用地の増加（農地の収用）を抑える。③農民の都市戸籍取得につき、人口500万以上の大都市は引き続き制限するが、中・小都市については緩めていく、などの点にあった。

本書を執筆している2023年現在も、中国の農村は目まぐるしい勢いで「新型都市化」の道を歩んでいる。これは毛沢東時代において自力更生を強要され、それゆえに逞しさを身につけた農民たちの時代が少しずつ変化し始めているということでもある。

本章では、10年来の都市化現象を振り返りながら、①農村住民が都市化政策にどのように向き合い、自分なりのロジックに取り入れてきたか、そして②それが結果としてどのように政権の安定化に寄与するのか、の2点を問いとして掲げてみたい。その際に理解を助けるキー・ワードが、「県域の都市化」である。

「県」――中国社会の細胞

「県域の都市化」という、一般読者には耳慣れない概念を章の冒頭から掲げてしまった。というのも、この10年の農村社会の変化を語るには、どうしても中国の「県」や「県域」という地域単位を頭に入れなくてはならないからだ。県については序章でも簡単に説明した。県は、都市と農村がワンセットになった最もコンパクトな地域社会であり、中国社会の細胞のような位置付けをもつ。

それでは、「県域社会」をどう理解すればよいか。実は、行政レベルとしての「県級」と「県域社会」は異なる概念で、両者は区別する必要がある。２０２０年、「県級」に相当する行政単位は全国で２８４９を数えた。だが、県級行政単位のすべてが「県域社会」を構成しているわけではない。農村が消失している場合もあるからだ。省城（省政府所在都市）や地区級市の中心部には、県と同級ではあっても都市市域を構成する「区」と呼ばれる行政単位がある。そして「区」はすでに都市化しており、農業人口をほとんどもたない場合が多い。

そこで「県域社会」を同定するための一つの目安として、『２０１１中国県（市）社会経済統計年鑑』に掲載があるか否か、を基準にしてみる。すると、県域社会の数は２０８９で、県レベル単位数の73％を占めていることがわかる。さらに、県域社会は、中国の国土面積の9割、そして人口面では現在でも7割ほどを占めている。総人口14億人のうち約10億人が県域社会の住民であることになる。

ポイントは、政府の「新型都市化政策」が、県域社会に深くかかわっている点である。都市化政策の内実とは、県域の農村部に居住してきた農民を最終的には小都市である県城の市民として吸収していくことである。それにより従来、優良な教育や医療、さらには娯楽などを含む公共サービスから排除されてきた農民を、都市的な公共サービス・生活スタイルの受給者として取り込んでいく、という狙いなのである。大都市への人口集中ではなく、「県域の都市化」こそが、この10年の農政の主流を構成してきた。

教育と都市化

家族主義の農民の側からみた場合、都市に向かう最大のエートス（ethos＝精神的価値）は子弟の教育である。すでに子供がいる新世代農民工は、子弟教育を目的として県城に移住し、新しい県城住民となる場合が多い。いわゆる「新世代農民工」は、自分自身の学歴には満足できず、かといって実家の村に帰って耕作に従事するつもりもなく、それゆえ次世代に託す思いの強さに特徴がある。「子供には、肉体労働に従事する自分たちのようになってほしくない」と考える。また農村の保護者には、一つの普遍的な考えがある。それは「村の小学校よりも鎮の小学校がよい、鎮の小学校よりも県城の小学校がよい、県城の小学校よりも地区レベル市の小学校がよい」というマインド・セットである。

この考え方が近年の新しい居住形態を生んでいる。一つは就学付き添い（陪読）と呼ばれる現象で、まだマンションは購入していないが、県城に親が間借りして子供の就学に付き添い、身の回りの世話を担う形態である。多くの場合、母親が付き添うので、「陪読媽媽」という新語も生まれている。

マンション購入済みの世帯の場合、典型的なケースとして「三棲城鎮化」と呼ばれる現象も起こってきた。この新しい概念は、一つの家族が3ヶ所に分かれて居住するような都市化の形態を指している。すなわち、家族のなかの高齢者（親世代）は農村で農地経営に従事し、その孫世代は県城で就学し、子世代は孫世代とともに県城に居住する。同時に都市生活の支出を賄うため、多くの場合、子供の父親が沿海部の大都市で出稼ぎを続ける、というパターンである。

教育資源を求めて県城を目指す新世代農民工の動きは、農村部の小学校の統廃合とパラレルに進んでいる。筆者が2015年に一度、調査を行った山西省芮城（ぜいじょう）県では、県城の小学校に児童が集中するいっぽうで、児童がいなくなり閑散とした村の小学校を目の当たりにした。近い将来の廃校は免れられないようだった。

就職と都市化

農村の保護者の教育熱心さと足並みをそろえるように、2000年代以降の中国では、大

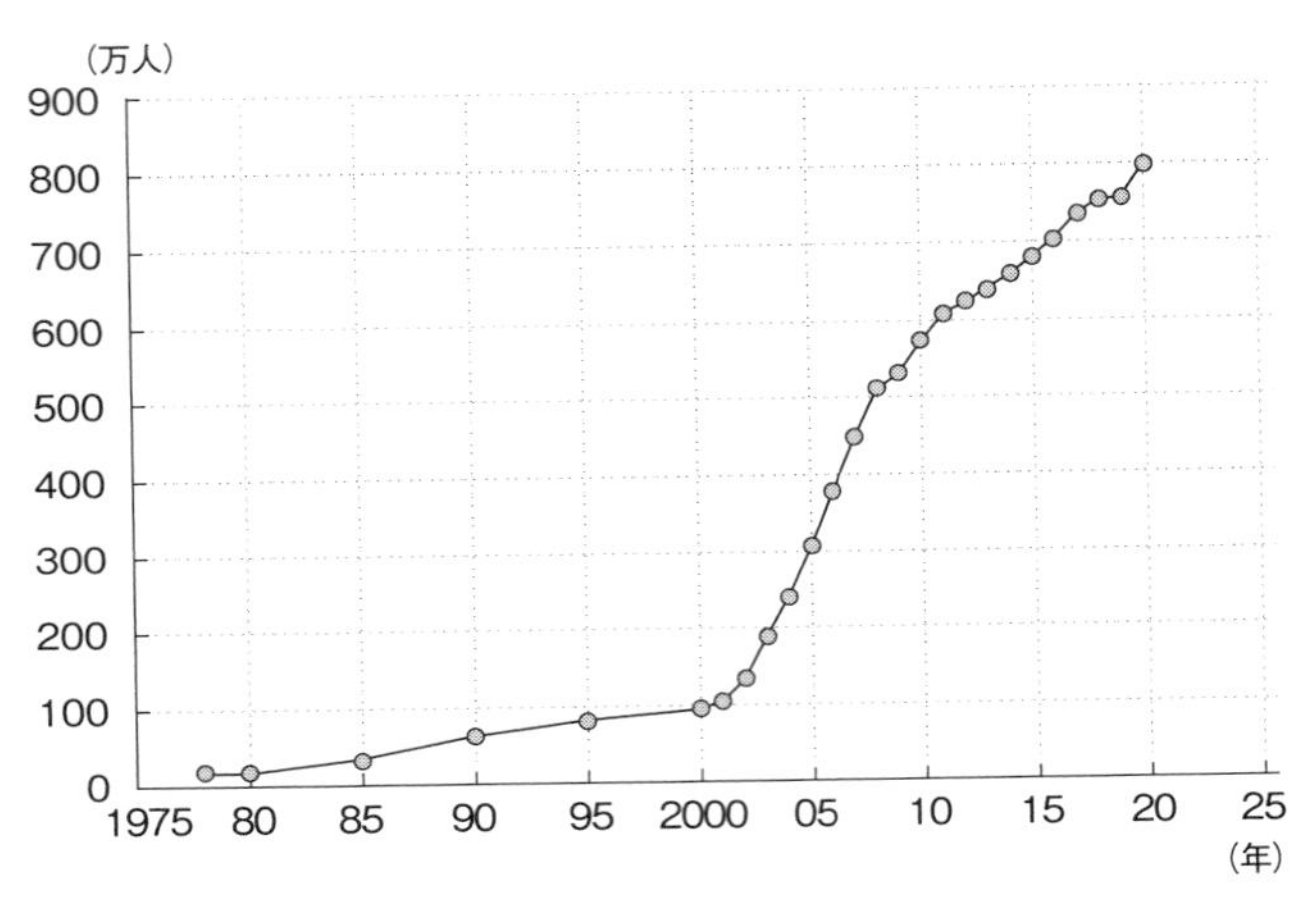

図5-1　中国の高等教育卒業者数
出所）『中国統計年鑑2021』より筆者作成

学や高等教育機関への入学者数・卒業者数も急拡大した（図5-1）。今や、農村出身の大卒生も当たり前になっている。筆者の調査地である江西花村や貴州石村でも、必ずしもよい教育機会には恵まれてこなかったいわゆる「留守児童」たちが、高等教育にまで進んでいる現状を目にする。

いっぽうで、一部の地域では、県内でトップ・レベルの成績を誇る高級中学生らが、県より上の地区級市や省城の高級中学に移動してしまう現象も報告されている。県内に残っているのは中レベル以下の学生となり、県城の学校にいる生徒から北京大・清華大などのトップ校への合格者は出にくくなったという。

加えて、たとえ県内の高級中学から「2

11」や「985」と呼ばれる大学（一流大学を意味する）への進学者が出ても、これらの大卒生は出身県には戻ってこない。彼ら／彼女らは、大都市で生き延びていくだけの競争力をもっているからである。

他方で、（言葉は悪いが）二流大学に進んだ卒業生は、出身県に戻って就職し、新しい県城市民となる可能性が高い。そこには二つの状況がみてとれる。一つは、もともと実家が県城にある二流大学卒業生である。県城出身者はもともと両親や家族を通じて県城周辺に豊富なコネクションをもっているため、そこに戻ってきて就職することには一定の合理性がある。家族主義者たちにとり、「親の実力は自分の実力」なのである。

もう一つの状況は、県内農村出身の二流大学卒業生の場合である。農民にとって「体制内」の仕事、すなわち政府関連機関の公務員、あるいは医療、教育などの事業単位への就職機会は貴重なものであり、大学卒業生の親世代にとってみれば特に安心感を得られる職種である。毛沢東時代を振り返ればわかるとおり、農村出身者にとり、「国家の飯を食う」ことは極めて世間体のよい就業方式であり、願っても叶うとは限らない至高の夢でもあった。こうした感覚は21世紀の現在でも残り続けていると思われる。さらに近年は、大学卒業生が増え、また県の財政能力が高まったこともあり、県および郷・鎮政府の公務員ポストは拡大している。

さらにもう一つのタイプの県城市民は、農民工や前述の大学卒業生を含むが、いったん、出稼ぎや就学で外地に出たのち、帰郷してビジネスを始める人々である。出稼ぎや大学で学んだ知識や資本を元手に、付加価値の高い農産品の栽培や農産品加工業、グリーン・ツーリズムなどでの起業事例が報道されている。そのうちの一定数は農村の実家に帰還するのではなく、県内の都市部、典型的には県城にビジネスの拠点を構える。

このように地元に戻って起業することを意味する「回郷創業」は、各地方政府も政策的な支援を行う一つのトレンドになっている。

結婚と都市化

子弟教育を動機づけとしたマンション購入の例からもわかるとおり、都市化政策が進んだ直近の10年間、農民の住宅購入・新築場所のオプションとして、各県の県城や鎮が選ばれることが多くなってきた。たとえば山西省長治（ちょうじ）市に属する壺関（こかん）県のN村では、全戸215世帯のうち、71世帯（33%）が県城にマンションを購入しており、さらに27世帯（13%）は長治や晋城（しんじょう）など付近の地区級市の中心都市でマンションを購入済みである。

都市部のマンションを購入するもう一つの動機は、息子の嫁取りである。家族主義者の中国農民で男子を子にもつ親世代にとり、息子に嫁を迎えることは親として、人生最大級のイベントといっても誇張ではない。さらにここ10年に関しては、結婚適齢期の息子に嫁を見つけるためには、地元の県城でマンションを購入することが最低条件になっている地域も少なくない。壺関県を含む山西省などはこうした傾向が強いようだ。２０２２年の同県の場合、1平方メートルの価格は３０００～４０００元（約６万～８万円）といわれており、スタンダードな90～１３０平方メートルの住宅であれば、27万から52万元（約５４０万～１０４０万円）ほどの価格になる。

地元の県城に帰還して就職した農村出身大卒者の結婚には、また別の問題がある。帰郷者の性別についてみると、男子に比べ女子の方が実家の県城に舞い戻ってくる蓋然性が高く、そのため女子の結婚難が生まれる。これに関しては「県城を漂う女性」と題した一つの興味深い報道がある（『農民日報』２０２０年６月15日）。

取材対象の辛開さんは１９８７年生まれの女性で、２０２０年現在33歳、独身。山東省某県の県城から20キロほど離れた農村の出身である。県城の高級中学を卒業後、外地の大学で就学した。卒業後、まだ外地にいた２０１２年に最初の見合いを経験した。後に公務員試験を受けて地元県に戻り、県城の小学校で英語教師になった。この間、幾度も見合いを重ねるが、良縁には恵まれないまま現在に至る。

記事は、近年、辛開さんのような「県城を漂う女性」が増加していることを指摘する。一般に大学が立地しているような地区級市レベル以上の大・中都市の生活は、実家から遠く面倒な人間関係や親の干渉から逃れやすい分、多少なりとも競争社会でストレスの度合いが高い。そんなとき、女子の場合は親の意向を受け、公務員試験を受けて地元の県に戻ってくる割合が男子よりも高い。ここ数年で、教員の採用枠は増加し、待遇も大幅によくなったこともあり、若い女性教員が急増しているという。辛開さんの学校には、同年齢の独身女性教員が十数人もいるという。

他方で、大学を卒業した農村出身男子が県城に戻ってくる可能性は女子よりも小さい。前述のとおり、戻ってくるのは県城で有力な「関係」のある男子に多い。農村出身の男子にとって、大学を出て大都市で働こうが、県城に戻って働こうが同じこと。なぜならどちらにしても「関係」がないからだ。いったん外に出たのなら、しばらく広い世界で生きてみるのもよい、と親たちも含め考える。いずれにせよ男子は県城に帰ってきた場合でも、職場の独身女性の関係者らによってすぐ「捕獲」されてしまう。

こうして結婚適齢期の男女の比率が大きく異なるなかで、辛開さんは見合いを繰り返すも、なかなか成就しない。紹介者・関係者が辛開さんと見合い相手を取り巻き、口を挟み、引っ掻きまわすことで、状況を悪化させることさえある。独身女性の存在は、必然的に、県城のゴシップの中心となりがちである。ちなみに、33歳という年齢は中国の一般的な県や農村では、適齢期をかなり超えたものとみなされる。

脱貧困と都市化

都市化の進展に合流した新しい県城住民のもう一つのタイプは、近年の脱貧困政策とのかかわりで県城付近に移住してきた人々である。習近平政権は2021年2月、中国が脱貧困を成し遂げたことを高らかに宣言した。2016年時点での貧困人口は4286万人であり、5年間でこれらの人口がすべて貧困を脱却したことになる。

心に留めておくべきことの一つは、中国農村の貧困人口は、実は山岳地帯の地理的ロケーションに密接に関連していることだ。山地で極端に交通が不便なため、在地で貧困を脱却することがほぼ不可能であると判断される人々につき、政府は移民の方法で貧困を脱却させる措置をとってきた。2016年時点での4200万強の貧困人口のうち、960万人（22％）は移民の方法により貧困を脱却している。脱貧困移民が多かったのは、貴州、湖南、四川、雲南、広西（こうせい）など、多くの山岳地帯を抱える省である。とりわけ貴州の貧困脱却移民数は188万人と全国第一で、同省の貧困人口の3分の1、全国の脱貧困移民の6分の1を占めている（『農民日報』2019年4月11日）。

脱貧困移民の最も典型的な手法は、一つの県域の内部で、県境付近の辺鄙な山岳地帯から

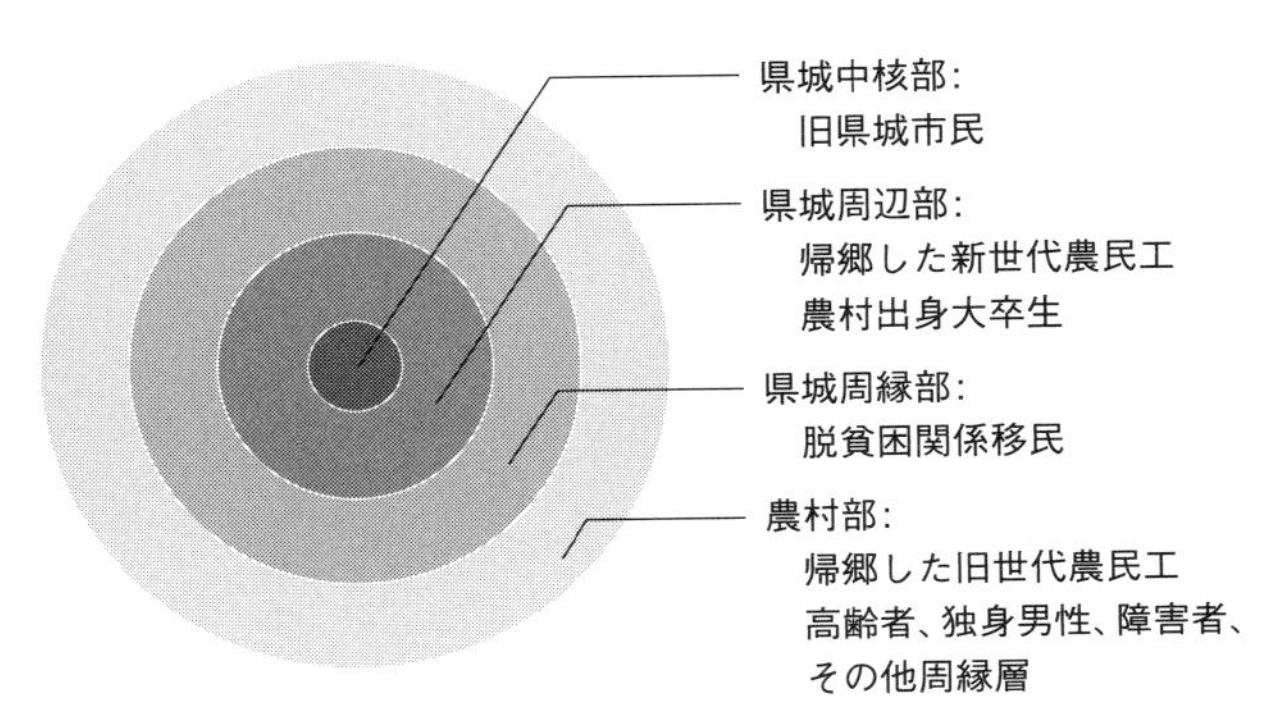

図5-2　県域都市化の概念図
出所）筆者作成

平地部の行政村中心集落、鎮、県城などに用意した集合住宅（安置点）に移民させることである。なかでも県城や鎮に移民した数は500万人と、全体の半数以上を占める（『農民日報』2020年12月4日）。県城の収容能力が弱い場合などには、県域の範囲を超えて、地区級市の中心地に移民させる場合もある。

以上に述べてきた社会変化を背景として、従来は相対的に単一であった県城の社会構成が、複雑化・多元化しつつあるのが、現在の状況である。旧来の県城住民の側からみれば、それまでいなかった新しいタイプの住民が「市民」として加わってきたということである。ここには少なくとも①帰郷した新世代農民工、②農村出身大卒生、③脱貧困関係移民という三つのグループが含まれる。仮説的に示せば、県域の都市化は現在のところ、**図5-2**のように同心円を描いた構造を形成しつつある。

2　県城——小さな都会か？　大きな田舎か？

県城とはどのような世界であろうか？　県域の都市化が政策として始まるかなり以前、2003年に書かれた「県城の生活」という文章には、次のような叙述がある

「県城の人間が一番重視するのは『実在』（確かである）の2文字である。生活の目標は日々の安逸である。他人を脅しつけたり、図に乗ってひけらかしたりすると県城人の敵になってしまう。だから、県城は日々を過ごす（過日子）場所であって、事業を起こしたり、何か新しいことをやりだす場所ではない」（丁「県城生活」）

県城的生活態度とは、中国語でいう「実在」である。「実在」のニュアンスはやや訳しにくいが、「確かである」とは裏返せば、無用な夢を抱いたり他人と違う突拍子もないことを考えたりしない、堅実かつ保守的な生き方ということになろう。

個人的県城体験

本書で主にみてきたのは、中国の農村のなかでも村落（行政村）の周辺であった。当然ながら、日本国内から村落に辿り着くまでには、まず飛行機で北京、上海、広州など大都市に

到着し、そこからさらに国内線か鉄道で内陸都市に移動、それからさらに乗合バスや現地の知人の迎えの車を利用して末端の村落に辿り着く。その過程では、拠点村が位置している県の中心地である「県城」を経由することもあれば、県城を経由せず直接、村にアクセスする場合もある。

そうしたなかで、甘粛省西和県麦村での調査活動は、県城と切っても切れない関係にあった。

筆者の麦村での調査は、方言通訳兼助手の章祺とともに自由に村を歩き回って、出会った村民とおしゃべりをしながら、聞きたいことを徐々に引き出していくスタイルをとった。

村内の生活スタイルは、質素かつシンプルであった。特に印象的なのは、乾燥地帯の西北部に位置する甘粛省だけに、村民生活においては水を大切に、惜しみつつ使うことである。中国、特に農村ではもともと、大量の水を使って入浴する習慣がない。シャワーつきのマンション・スタイルの豪邸が南方を中心に広がってきたのも、2000年代に入ってからのことだ。麦村の農家ではそもそも、入浴できる浴室自体が存在しなかった。もしも自分一人なら1週間、10日くらい入浴しなくても平気だが、若い女性である章祺をそれに付き合わせるわけにはいかない。

そこで、3日ほどの調査を済ませたら一度、村から車で40分ほどかけ、章祺の母方の親戚たちが集まって住む県城に出る。街に着くとまず、川縁のマンションに住む母の末弟（小舅）宅でシャワーを使わせてもらうのである。小綺麗なマンションで体の泥と垢を落とし、さっぱりしてリビングで寛いでいると、えもいわれぬ満ち足りた気分になる。村内の生活との落差を感じる瞬間である。調査者である自分の身体も、ある意味で都市生活に「飼い慣らされて」いるのだろう。

小舅は県城の小学校の教員で社交的、県城の教育界を中心として各界に多くの友人がいるという。

彼は自宅では、ゆったりとしたシルクのパジャマを着て寛いでいる。第1章でも引き合いに出したが、余華の小説『活きる』（活着）の主人公、徐富貴が人民共和国建国前、地主の放蕩息子だった頃のような雰囲気だ。

風呂を浴びた後は、中心街に出て食事をする。母の上の弟（大舅）が営む砂鍋店を訪れてご馳走になり、ついでに従弟のパソコンで自分宛のメールをチェックさせてもらう。

ちなみに「砂鍋」という食べ物は一人前の鍋のようなもので、スープのなかに肉団子や白菜など各種野菜、馬鈴薯や緑豆の春雨、麺などが入り、たった一つで食事が完結する小宇宙のような軽食である。役所や会社勤めの人々が手軽に、安価に一人でも食事を済ますことができる工夫だろう。家族経営の小さな店舗が担っていることが多い。その意味で、砂鍋という食べ物は非常に「県城的」な存在に思えてならない。

県城に住む章祺の母方親戚の若い従姉や従弟たちをみていると、何か生活に追われたり、あるいは今の生活を変えるために目標に向かって奮闘したりするというよりは、概して慣れ親しんだ生活圏、社交圏のなかで「まったり」過ごしているようにみえた。

そう、筆者が県城の人々から感じた雰囲気は、「まったり」としか形容の仕方がない。いってみるならば、ぬるま湯的な生活に身を委ねつつ、日々を現状維持至上主義でやり過ごしているようなのである。

これは、同じ県内の農村部の麦村村民たちが明日の家の発展のために辛抱強く出稼ぎや副業で奮闘している姿とは、対照的に映った。誰しも、上を目指して奮闘するときは、まったりなどしていられない。県城住民の間のまったりした一体感は、上を目指さなくても十分に心地よい、という感覚を反映している。その意味で、県城と周辺部農村の間には「温度差」がある。おそらく現在でもそうだろうが、県城のマンションと、麦村の生活環境の落差は、10年ほど前、2010年前後にはさらに大きく感じられたのである。今後、この温度差がどう縮まっていくのか、それが今後の注目点になるだろう。

県域社会研究者の安永軍（あんえいぐん）によれば、県城の社会的特質は「拡大した顔馴染み社会」（拡大的熟人社会）である「熟人社会」とは、従来、誰もが互いをよく見知っている農村社会の特徴を表すための概念だった。中国語の「熟」は慣れ親しみ、互いに熟知していることを意味する。「熟」の反対語は「生」で、匿名的、あるいは互いに馴染みのない状態を指す。南京の大学を卒業後、陝西省の地元県城に戻って就職した白靖平（はくせいへい）は、県城の社会の特徴を「匿名的な環境下での顔馴染み社会」（陌生環境下的熟人社会）と呼ぶ。県城のような小都市の社会では、社会的地位の近い者同士の濃密な社交圏が形成される。たとえば幹部階層のなかでも、局長や郷・鎮長などの「科級幹部」であれば、彼らは同レベル幹部との間で最も頻繁な交際を展開する。

県城では、血縁関係、親戚関係、同郷関係、同学関係、同僚関係など重層的・潜在的な互いの関係が、芋蔓（いもづる）式に発見される。これらさまざまな関係はほぼすべて県域の範囲内で展開しているので、個々人の顔馴染みの範囲が互いに重なり合う確率は非常に高い。これを安は、交際圏がオーバー・ラップする効果（圏子交集効応）と呼んでいる。

たとえばAの元クラス・メイトのBがCの同郷者であったとすれば、AとCは面識がなくとも、中間にいるBを通じて、新しい関係を作り出すことが可能になる。こうした「関係」生成のあり方は中国社会全般につき指摘されてきた点であるが、県城という場の一つの特徴は、面識のないAとCが出会ってしばらく自己紹介をし合った際、中間項となるBが発見される可能性が非常に高い点にある。こうして県城のネットワークは、重層的に堆積していく。県城で発生する独特の社会現象として、口コミによる評判伝達の速さがある。たとえばレストランの料理の味やサービスなどの評判も、瞬く間に県城中に伝わってしまう。小さな都会である県城は、大きな田舎の特徴をも残しているのである。

「茹でガエル」の文化心理

このような中国の県城は、どのような空気感を醸し出しているのか？　前出の白靖平は、次のように描写している。

「県城での生活は、ぬるま湯でゆっくりと茹でられるカエルのようなものだ。自分の能力がその野心に見合わないとき、意識の底に残っていたいささかの理想や抱負などは、脆弱な自制心の下でいとも簡単にバラバラと崩れ落ちてしまう。自律的でありたい、士気高くありたいと願っても、砂糖でコーティングされた砲弾、愉快な場所や酒が、絶え間なくあなたの克己心の最後の砦を破壊し続けるのだ。県城では、自分の考え方をもとうとする人々もいったん、『貞操』を失ってしまえば、そのままずるずると県城に身を捧げ、ついには『嫁いで』しまう。このすべてを受け入れることは、幸福ということでもあり、また凡庸に甘んずることでもある」（白「活在県城」）

自由や孤独、夢や理想、競争に打ち勝つための努力、向上心や克己心などというものは県城より大きな、大都市や中都市に親和的な生活態度である。近年、メディアなどで話題になった「寝そべり主義」（躺平〈タンピン〉）などは、大都市や中都市につきものの競争状態に疲れ果てた若者たちの一つの抵抗の形であって、最初からぬるま湯に甘んじ、身近な人間のゴシップに花を咲かせる県城市民のものではないだろう。

磐石の政権支持基盤

繰り返し述べてきたように、中国政府の都市化政策の狙いは、「県域の都市化」にある。「県」という単位は外部にいる私たちの射程にはなかなか入ってこないのであるが、中国社会の細胞に相当する重要性をもっている。かつての中国政府は、県城を含む都市と周辺の農村を二元的なシステムにより厳格に区別したが、現在の中国政府は小都市である県城に若い世代の農民を引き付け、「まったりした世界」に同化させることによって、大都市・中都市への人口集中に障壁を設けようとしている。いわば、県城をもって農民を食い止めようとしているのである。

図式化すれば、以下のようになる。

毛沢東時代：都市 vs. 農村＝特権 vs. 自力更生
習近平時代：大・中都市 vs. 県域社会＝競争社会 vs. 人情社会

農民の側にも農民なりの都市化政策の文脈化があり、都市化はしっかりと家族戦略のなかに取り込まれている。それは簡略化していえば「家族のなかの子世代、孫世代が一歩先に市民になる都市化」としてまとめられる。教育を一つの大きな背景として、農村から県城への移動が起こるとともに、域外の大学レベルへの進学を遂げた農村出身の大学卒業生たちが県城に舞い戻る現象もみられるようになった。当時に、脱貧困政策の過程で県内の山岳地帯から県城に新しい住民が引っ越してくることで、県城住民の多元化が発生しているのが、現在の状況であろう。

「県域の都市化」の主要な舞台である県城は、その中核部の旧市民レベルにおいては依然として「まったりとした世界」である。ポイントは、今後において、図5-2に示した周辺部、周縁部の層、さらには農村を含めた県域全体がこの「まったり感」にどの程度、取り込まれていくのか、であろう。特に県城周縁部の移民、農村部に留まらざるを得ない周縁層などが、市民に同化・融合していくまでには、一定の時間を要するだろう。

他方で注意しておくべき点は、「家族のなかの子世代、孫世代が一歩先に市民になる都市化」では、依然として村落生活も維持されていることである。実際のところ、農民工の間では地元の県城ではなく農村部に回帰し、村落のコミュニティを意識して、家族主義の夢を実現しようと奮闘する者も多い。農村の生活に馴染みのある、いわゆる「旧世代農民工」であれば、村落を生活の場とすることに躊躇いはない。本書に登場した、江西花村でコンバイン・ビジネスに従事する赫堂金などもその例である。そうした場合、彼らの子女たち、親世代からみれば孫世代で初めて小都市に進出することになるだろう。村落生活は、今後も長期にわたり存続していく。したがって、本章で論じた県域の都市化は時代のトレンドではあるが、それをもって農村が急速に消滅してしまうことを意味しない。

本章のポイント

以上、本章では、県域の都市化を鍵概念として、近年の都市化政策が今後の農村にもたらす影響について考えてきた。

ここにみたとおり、新しい県城住民が「大きな田舎」の一員として、徐々に「まったりした」空気にとり包まれていくことは、それなりの政治的示唆がある。つまり14億人のうちの10億人が現状肯定のぬるま湯に浸り、安定感に身を委ねることである。それが結果として意味するのは、我々外部の観察者の意に沿うか否かは別として、現政権が磐石の支持基盤を固めることである。

習近平自身、かつて陝西省延川県の農村で下放知識青年として7年の歳月を過ごした後、河北省正定県党委員会の副書記、書記として政治家としてのキャリアをスタートしている。中国社会の「現場」は県域・農村にあることを体感的に知っている指導者である。第20回党大会の中央人事で優遇・抜擢されたのも、地方の現場をよく知る習のかつての腹心・関係者らであった。他方で、地方の現場を離れたエリート養成機関と目された「共青団」出身の李克強首相は引退、その人脈に連なる胡春華副首相もまさかの降格となった。李元首相が引退間もない2023年10月に急逝したことも含め、これら人事が「県域の都市化」とパラレルに進んだことは、同時代の出来事として、単なる偶然とは思われないのである。

コラム５　芝居としての宴席

男性フィールド・ワーカーとして、農村調査の際にはどうしても男性の村民と行動を共にすることが多くなる。いきおい、女性たちが日常においてどのように行動し、現象をどのように捉え、意味を与えているのか、それを観察する機会は、男性が対象である場合に比べ、限られてくる。酒宴の場面もその一つであって、男性の世界と女性の世界が分かれてくるので、男性の側に身を置くと、反対側がみえにくくなる。

一般に中国の漢族地域では、外部の客人を招いての酒席の場では、家族の女性や子供は同じ卓を囲まない場合が多い。完全に家族だけの場合を除き、外部の客人が交ざってくる酒宴の際には、その際の役者は家族のなかの男性成員でなければならない。

家族のなかの女性や子供は飯の入った茶碗を手に卓の周囲をぶらぶら歩きつつ、卓に並んだ料理に狙いを定め、時々箸をシュッと素早く伸ばしてつまみ、飯の上に載せて食べている。少し年配の女性などであれば、食事は厨房のそばで簡単に済ませているのかもしれない。

卓を囲んで杯を交わす男性たちと、立ち歩きながらオカズをつまみに来る女性や子供の姿をみて、農村の「家父長制的悪習の名残りだ」、と批判的にみる向きもあろう。だが、農村で行われる酒席というものを、芝居や演劇のなかのシーン（場面）の転換と考えてみればどうだろうか。

完全に日常的な家族の食事の場合、「場面」は形成されない。社会的飲酒者である中国農民は、このような場面で飲酒する必要性は感じない。ところがここに、外部の客人、とりわけ珍しい客人、あるいは重要な客人が招かれた場合は、シーンのフォーマル度は高まり、ここに酒が必要とされる。

フォーマル度が高まると、成人男性のみが役者として酒席に加わり、女性や子供は端役や裏方に転ずるのがふさわしいと考えられる。場面の転換により、皆が決められた役割を「演ずる」ものとされるのである。中国の男性農民が社会的飲酒者であり、女性農民が社会的「非」飲酒者である理由がここにある。

中国農村で女性が表立って飲酒する姿は、ほとんど皆無といえる。2010年、研究協力者の章祺と甘粛麦村に住み込んだ際、食事は村長宅でいただいていた。食事の際、筆者に付き合って章祺が少量の白酒を嗜んだ際、それをちらりとみた村長家の長男の嫁の視線が異様に険しいのに気付いた。それほど、農村女性は表立って飲酒しないものなのである。

もちろん、中国農村女性に個人的飲酒者が存在しないはずはなかろう。そうした女性は、舞台裏で密かに嗜んでいると思われる。

ここにみたような漢族的な飲酒文化の位置付けは、山東省あたりを中核地域として、周縁部に向かうと徐々に薄れてくる感がある。

同じく２０１０年８月、甘粛麦村の調査を終えた筆者は、その足で南西部、貴州省の調査地開拓に向かった。黔西南州の範囲で何ヶ所かを巡り歩いたが、第４章で紹介したとおり、住民によって公安に通報されたりすることもあり、なかなか首尾よくいかなかった。

そんななかで、険しい山岳地帯にあり、公安も容易には近づけないだろうとの理由で拠点に選んだのが、晴隆県の石村である。この一帯は苗族の下位区分としての「喇叭（らっぱ）人（じん）」と呼ばれる人々の居住地となっている。

周縁地域に属する石村では、飲酒の仕方は、漢族農村のような演劇性を感じなかった。フラットな感じ、といってもよい。

たとえば、漢族の習慣では、自分が酒を口に運ぶ前には、乾杯しない場合でも相手と杯を軽く合わせるのが普通である。その習慣は石村の高齢者にはないようなのである。

初めて村を訪れた夜、古びた木造家屋の土間で、夕食が始まった。ガソリンタンクのような容器に備蓄された、小麦を原料とするドブロクが、碗に注がれる。

研究協力者の隆艶の祖父に当たる老人に、歓迎への謝意を表し、杯を合わせようと碗を相手の前に差し出した。意外なことに、老人は自分の碗から筆者の碗に酒をなみなみとよそってしまった。

酒が足らない、と思われたのである。つまり、ここ石村では、相手を気にせず一人一人が勝手に飲めばいいらしい。その意味で日本の感覚に近い。同じ卓には老婦人や子供たちもいて、女性や、ついでに子供たちも平気で飲酒している。

驚き、また愉快な気分になった。喇叭人は、個人的飲酒者ということらしい。

終章　中国農村の未来

本書のまとめ

最後に、「まえがき」で立てておいた五つの問いに立ち戻り、議論を再整理しておこう。

（1）中国の農民とは、どのような思考様式を有する人々なのか？　たとえば中国はしばしば「格差社会」といわれるが、格差の底辺にいる農民たち自身は、この格差をどう捉えているのだろうか。

この問いにたいする本書の結論は、彼らが「家族主義者」であるという点から導かれる。過去の歴史の極めて早い段階において、中国の農民は封建制や身分制の縛りを脱していた。ここから、彼らは自己責任意識と努力による社会的上昇への意欲が顕著である。自分の世代や子世代、孫世代にまで血の流れを継いでいくのみならず、経済的、社会的な栄達を希求するのが「家族主義者」である。また農民家庭は、中国革命と社会主義の歴史的経験により、しばしば考えられるような都市市民との間の格差よりも、農村コミュニティ内部の格差に敏感となった。今世紀に入ってから20年来の中国経済の高度成長がもたらされたのは、農村内部の格差に敏感な家族主義者の奮闘が、廉価で豊富な労働力を競って「世界の工場」に提供したためである。

（2）現在の農村の暮らしはどのようなものだろうか。一見してバラバラにみえる家族主義者の農民らは、暮らしのなかで直面するさまざまな問題をいかに解決しているのか。たとえば、政府の行政サービスは農村にまで行き届いているのか。

この問いにたいし、本書は特に、21世紀に入ってからも村のフォーマル・リーダーである「基層幹部」が、農村の公共性を扇の要のようにつなぎ止めている点を見出した。人民公社時代とは異なり、政府の資金は農村に流れ込みつつあるものの、農村の公共サービスをすべて政府が賄う状態にはなっていない。さらに、家族主義者の農民たち自身が、農村ビジネスの形で公共生活の空白、ニッチを埋めていく可能性についても、具体例に基づき示しておいた。

（3）統治者である中国共産党中央と中央政府は、国内の農村をどう位置付けているのか。中国の政治体制は「権威主義体制」と呼ばれるが、その体制の維持にとり、農村社会、および村レベルの選挙はどのような働きをしているのだろうか。

明代以降に顕著になった「天は高く皇帝は遠い」との感覚、政治を自らに縁遠いと感じる習性は、自家の発展に邁進し経済に特化する家族主義の精神と共鳴し合い、人民共和国の統治体制にも連続していった。選挙をはじめとする政治生活は、農民からすれば「茶番」として捉えられている。その結果、「脱政治化」しながら富裕を目指す農民たちは、体制にとり磐石（ばんじゃく）の支持基盤を提供している。

また中国農村は歴史的に中間集団を欠いており、政治家と官僚の区別がなく両者が融合しているため、政治家を競争選挙で選ぶ代議制には不向きな社会構造をもつ。そのような中国で、村レベルにだけ競争選挙が導入されている理由は何か。

これにたいする答えは、村民の力を借り、選挙を通じて短期間のうちに基層幹部を交代させることで、土着勢力化を防止する党と政府側の意思の存在である。それは中国革命の過程で形成された、為政者のバランス感覚（基層に依存しつつも、完全に信頼することもできない）に端を発する「基層幹部制御の政治」の一環をなしている。ただしこれが過度に推進されれば、（2）で示された基層幹部の公共性の要としての役割を削いでしまう可能性がある。近年、村民委員会の任期が3年から5年に引き延ばされたのは、この点が考慮されたためかもしれない。

（4）私たち外国人による中国の農村調査はなぜ、しばしば「失敗」するのだろうか。統治者である中国共産党中央と中央政府、地方政府や農村基層幹部は、「外国」のことをどう考えているのか。

中国農村調査の失敗は、「民」に由来するものと、「官」に由来するものがあり、その両方をクリアしなければ成功に導くことは難しい。前者は家族主義者である中国農民に、調査者が彼らの「身内」に近い人間であることを理解させる努力が必要である。

いっぽう「官」に由来する失敗は、巨大な官僚制の裾野に生きる農村周辺の幹部が、その上のレベルの意向をどのように感じとり、評価しているかにかかっている。その判断により、外国人調査者が活動できる「自由の隙間」は大きく変動するのである。外国の価値観の国内への浸透を恐れる習近平指導部の統治体制は、末端の農村基層幹部の心理にも影響を与えている。その結果、自由の隙間は限りなく狭まり、現在、農村調査はほとんど不可能となっている。

(5) 現在、中国政府が進めている「新型都市化政策」は、農村社会にとりどんな意味をもつのだろうか。それは今後、大都市に人口が集中し、農村が消滅していくことを意味するのだろうか。

これに関しては、「県域社会」や「県城」という、これまで日本の読者にはあまり馴染みがなかった視点を持ち込んで現状を解釈した。都市化政策は確かに、習近平政権の内政の要である。しかし、その意味するところは、大都市への農村人口集中などではなく、小都市である県城に県域内の周辺に居住する農民、とりわけ新世代の農民工を集めることである。これにより教育や医療、娯楽をはじめとする、それなりに都市的な公共サービスを新県城住民に開いていくことにある。

他方で農村は消滅せず、今までとは形態を変えつつ、存続していくだろう。その理由は二つ。一つは、現在の都市化は、家族のなかの若い世代がひと足先に県城市民になる都市化である。親世代は農村に軸足を置き続ける。もう一つは、交通、通信の発達により、県城と農村の時間的、空間的、心理的、文化的距離がかつてないほど縮まっていることである。村リーダーも、村民も、常に村にいるとは限らない。街と村を車でいったり来たり、頻繁に移動が行われるなかで、村は存続していくだろう。農村には農村独自のメリットがあるので、村民委員会などフォーマル組織も残り続ける。

本書は農村に軸足を置いて中国社会をみてきた。最後に、中国社会と農村がこれからどこに向かうのか、以下ではやはり一つの「出来事」を頼りに展望し、本書の締めくくりとしたい。

「小さき麦の花」が語るもの

2022年の夏、甘粛省の小さな村を舞台にしたある映画が上映された。動画配信も含め、映画は中国大都市の若者を中心に、SNSなどで話題を呼び、拡散が繰り返された結果、異例の大ヒットとなった。興行収入も1億元（約20億円）と、芸術系の映画としては常識破りの数字が伝えられた。ところが、公開からわずか2ヶ月後の9月下旬、映画は突如、上映・配信中止となった。

以上のような経緯について教えてくれたのは、甘粛麦村で筆者の助手を務めてくれた章祺だった。彼女はその後、フランス人と結ばれ、現在はパリ在住である。

2023年2月にはこの映画が日本でも劇場公開されたので、筆者も有楽町まで足を運んでみた。映画館で映画を観るのは久々である。

邦題『小さき麦の花』（以下、『麦の花』）の中国語原題は、「隠入塵煙」。その意味は深遠であり、訳しづらいが、「そっと静かに塵に戻っていく」というようなニュアンスである。

舞台は2011年、甘粛省高台県の小さな村。主人公の夫婦は、農村の一般村民のなかにあって、かなり周縁的な存在である。夫の馬有鉄は家族の四男坊で、長く冷や飯を食わされ、独身のまま中年を超えた農民。妻の曹貴英は身体障害者で足が悪く、子供が産めない身体である。さらに膀胱の病気もあり、あらゆるタイミングで失禁する。周りが二人の厄介者を片付ける意味もあり、見合いと結婚が成立した。

同じ甘粛省でも、本書で取り上げた麦村が四川との省境に近い山岳地帯で、灌漑設備がほとんどなく、天水に頼っているのにたいし、「麦の花」の舞台はシルクロード沿いのオアシス灌漑農業地帯である。作中でも、水量豊かな農用水路が重要なシーンで何度も登場する。

かなり地味な農村映画である。このような作品が大都市の市民の間で話題を呼んだこと、そして明らかに政府の意向で、上映2ヶ月で中止となったことは、それ自体が、今日の中国社会を解読する手がかりとなる一つの出来事に思える。

新しい二元構造？

なぜ、「麦の花」は上映中止になったのか？　現地ではさまざまな憶測が飛び交ったようだが、ここでは、本書の議論に引きつけて解釈してみたい。

本書の第5章では、毛沢東時代の都市 vs. 農村に代わる習近平時代の新しい「二元構造」として、政府は「大・中都市」vs.「県域社会」という二つの世界を形成しようとしているのではないか、と仮説的に提示した。二つの世界の特徴は、競争社会 vs. 人情社会としてまとめられる。

ここでさらに深読みしてみる。新しい二元構造をめぐる政府の意図とは、県域社会を中心とする大きな田舎＝人情社会と、特権的ではありつつも生き残りのために激しい競争を強いられる大・中都市市民を区別し、ダブル・スタンダードで統治することではないか。

まず、県域社会については、新世代農民工などを新しく県城市民として取り込み、まったりと満ち足りた世界に取り込む。これを社会の土台、10億人の部分で安定的な政権支持基盤とする。そのいっぽうで、大・中都市市民については国際競争力や高度人材育成を視野に入れ、中国の国際社会での生き残りと強国としての地位確立のために努力し、競争することを奨励する。

もしもこの読みが正しいとすれば、映画『麦の花』が上映中止になったのは、この映画が双方の世界の形成にとり、プラスの影響を与えない、と判断されたからであろう。章祺のコメントによれば、この映画には「正能量」が足りなかった、という。「正能量」とは、「プラスのエネルギー」の意で、すなわち政府の唱導する富強の中国の夢に沿った、前向きなエネルギーを指す。

まず、大・中都市の市民にたいして政府は、もっと頑張れ、競争しろ、大国の名に恥じないように鎬(しのぎ)を削れ、と発破をかける。ところが、特に若い世代の市民の一部は、就職や結婚、住宅購入など、大都市での競争状態に疲弊し、生活のストレスに疲れ、嫌気がさしている者も少なくない。前章で触れた「寝そべり」現象もその反応の一つである。政府はこれらの人々が、競争から「降りて」しまうことを危惧（きぐ）している。

そんなとき、『麦の花』は競争力とは無縁の、西部農村のそのまた周縁層、社会的弱者である夫婦にも、土に根ざした静かな幸せがあることを示してしまった。他人を押し除けて社会的上昇を目指さなくとも、人生の滋味はすでに生活のなかにあることを、静かなトーンでありながら、雄弁に語ってしまった。そこで映画がこれ以上、大都市の若者に影響を与えないよう、政府は上映・配信中止に踏み切ったのではないだろうか。

家族主義の逆照射

他方で県域社会の住民にたいし、政府は新型都市化政策を軸に「まったり感」の渦を作り出し、県域全体の住民をそれに巻き込むことで、国内社会の安定基盤を作り出そうとしてきた。旧県城住民を中核として、出稼ぎで奮闘して県城にマンションを購入済みの新世代農民工、県内農村出身で高等教育を終えて帰郷した人々は、そうした政府の誘導にうまく応えることのできた層である。このように、中国の新型都市化政策は、社会的上昇を目指す農民の家族主義と共鳴するものであった点を、本書は見出してきた。

ところが、上昇を遂げる人々の傍には、必ず、取り残される人々がいる。何らかの事情で、出稼ぎによる現金収入獲得の方途に恵まれてこなかった人々がいる。村民たちが、競って外に出ていき、徐々に軸足を県城に移しつつある際に、高齢独身男性、身寄りのない高齢者、身体・精神障害者などの人々は、農村の周縁層を形成している。統計によれば、２０１５年、一村平均の障害者の人数は32人とのことである。

『麦の花』は、大多数の農民が抱く家族主義の夢に同乗できない夫婦の姿を描いた。そのうえで、社会の主流に乗れない人々にも、それなりの幸せがあることを見出してしまった。自己肯定感をもてないまま生きてきた者同士の静かな労り合い、麦の成長を眺めたり、鶏を孵化させる喜び、徐々に完成に近づく泥レンガの家屋など、抑えたなかにも滲み出るような日常の喜びが描かれている。

とりわけ子供をもてないというのは、家族主義の信奉者である一般の中国農民からみて、もう、どうしていいかわからないほどの戸惑いでしかない。馬有鉄が血の流れを継いでいくためには、兄たちの家庭から男子を一人、養子にもらうしかない。だが、厄介者扱いされてきた彼は、そこにいささかの希望も抱いていないようにみえる。血の流れが絶えても、夫婦の間に小さな「幸せ」があるのだとすれば、家族主義に邁進することの意味はどこにあるのか？

泥レンガの家が完成して最初の夜、妻の貴英がオンドルに横たわりながら、しみじみと呟くシーンがある。「アタシのこの人生で、自分の『家』をもてる日が来るとは思わなかった……」。

他の農民と同じように、人並みに、家族主義に沿って生きることをとうに諦めていた者の一言である。同時に、子供を産めない貴英のこの「家」に関する呟きは、社会の大多数の家族主義者と、そこに立脚した政府による主流の価値観を一気に転覆させるようなラディカルな毒を含んでいる。上映中止の本当の理由は、このあたりの、（政府・庶民双方にとっての）危険性にあるのかもしれない。

『麦の花』は小さな物語だ。しかし、それは本書が詳（つまび）らかにしてきた過去、現在と未来の中国農村社会と、家族主義に立脚した大国の政治システムを彼岸から逆照射する作品だったといえよう。

あとがき

本書はさまざまな意味で、2019年に東京大学出版会から上梓(じょうし)した前著『草の根の中国：村落ガバナンスと資源循環』の延長線上にある。そのため、この「あとがき」でも少しだけ前著に触れることをお許しいただきたい。

前著とのつながりのうえに本書を位置付けるなら、そこには二つの側面がある。

一つは、前著が学術書の作法と形式に則った「表舞台」だとすると、本書は一般読者を対象とした新書として、より自由な形式で「舞台裏」からアプローチする書物だという点である。前著は社会科学の研究書として、中国の農村生活の底流にある基本的なロジックや公共生活のメカニズムを解明することが目標だった。そのため、現場で集めた一つ一つのデータはこの目標に沿って取捨選択され、配置されていた。いきおい、行論上、直接的に意味をもたない断片的なディテールの数々はいったん保留にせざるをえなかった。

本書で筆者が企図したのは、前著『草の根』ではどちらかといえば抑制されていた、筆者が農村の現場で五感を通じて感じ取った肌感覚を、「客観的でない」と切り捨てるのではなく、むしろ信じることである。そしてそこから出発して、等身大の中国農村をわかりやすく論じてみるということだった。個人的な農村調査の「失敗」を扱った第4章などは、表舞台では使用できなかった体験の最たるものである。その意味で、本書は前著の成り立ちを裏側から補足し、重層的な厚みをもたせるものとなろう。

もう一つは、本書は前著の主たるフォーカスであった村落レベルの生活（第2章）に引き続き注目し、そこに軸足を置きつつも、記述の射程をより広げていることである。すなわち、村落よりもミクロなレベルに視線を落とした際に見えてくる農民個人の思考様式（第1章）や、村落生活が中国の政治世界全体においてもつ意味（第3章）、近年、都市化が進展するなかでの、村落生活から一歩踏み出した、小都市も含めた「県域」という新しい農民の生活世界（第5章）についても論じてみた。これらの広がりは、中国農村自体と、それを研究しようとする自分の問題関心の双方が、時間の経過とともに正々流転しつつあることの表れであろう。

執筆を一とおり終えて、脳裏をよぎるのはやはり、本書のなかに登場した人々の顔である。第4章でも触れたとおり、中国政府は現在、外国人による国内社会調査・資料調査を極度に警戒する状況にある。以前の感覚で下手に農村に踏み込めば、拘束されないまでも、その場からの退去を命じられるのは必至である。海外の中国研究者が普遍的に直面している問題だろうが、筆者ももう長い間、具体的にいえば２０１８年３月以来６年近くも、研究対象国の現場の土を踏んでいない。

筆者が農村の現場を訪問できなかったこの期間に、本書で何度も登場してもらった山東果村の兄貴分、池道恵は肝臓癌を患い、２０２３年の５月に旅立ってしまった。64歳の若さだった。いまは北京の出版社に勤める道恵の娘から父の病状について連絡を受け、コロナ禍の最中にオンラインで面会したのが最後になった。

いつのことだったか、道恵に「兄貴が80歳、俺が70歳になっても、まだ村に訪ねてくるからな！」と約束したことがある。そのとき彼は、「それは有難いけども、ワシらの普通の寿命じゃあ、そこまで持たんじゃろうよ……」と答えていたのを思い出す。しかし当時は、長く会えないまま、このようなあっけない形で永遠の別れがやってこようとは、全く予想してはいなかった。

最後に、中公新書の田中正敏さんと編集部の方々に深くお礼を申し上げたい。氏との出会いも、元を辿れば前著の刊行が発端となっていた。好きな世界について自分から何かを発信していけば、それに共鳴してくれる方々との御縁に連なっていく。有難いことだ。氏は編集の過程で極めて的確な助言と丁寧な校閲を施して、筆者をここまで導いてくださった。

本書がこれから、多くの読者と邂逅(かいこう)できることを期待している。

2023年12月　駒場にて

田原史起

参考文献

序章

阿部矢二『支那の農民生活』全国書房、1943年。

斯波義信『中国都市史』東京大学出版会、2002年。

章炳麟著・西順蔵・近藤邦康編訳『章炳麟集』岩波文庫、1990年。

田原史起『二十世紀中国の革命と農村』山川出版社、2008年。

宮崎市定「中國上代は封建制か都市國家か」『史林』第33巻第2号、1950年。

宮崎市定『中国史（上）』岩波文庫、2015年。

華偉「県制：郷土中国的行政基礎—県制叢談之一」『戦略与管理』2001年第6期。

農村固定観察点弁公室（中共中央政策研究室・農業部）『全国農村固定観察点調査数据匯編 2010-2015年』北京：中国農業出版社、2017年。

第1章

有賀喜左衞門『大家族制度と名子制度（〔第二版〕有賀喜左衞門著作集Ⅲ）』未來社、2000年。

厳善平「人民公社における農民の働き方と暮らし：高校卒業までの個人的体験を中心に」鄭浩瀾・中兼和津

次編『毛沢東時代の政治運動と民衆の日常』慶應義塾大学出版会、２０２１年。

黄暁双『「公里有私」：中国福建農村の公媽庁再建事業にみる公共性の再編』東京大学大学院総合文化研究科地域文化研究専攻修士学位論文、２０１６年。

仁井田陞『中国の農村家族』東京大学出版会、１９５２年。

橋爪大三郎『隣りのチャイナ：橋爪大三郎の中国論』夏目書房、２００５年。

旗田巍『中国村落と共同体理論』岩波書店、１９７３年。

費孝通著・西澤治彦訳『郷土中国』風響社、２０１９年。

余華著・飯塚容訳『活きる』中公文庫、２０１９年。

劉運昂「中国における都市化と農村生活：湖南省衡陽県何氏小組における家屋の間取りに着目して」『中国研究月報』第８９８号、２０２２年。

Chen, Yixin, "Under the Same Maoist Sky: Accounting for Death Rate Discrepancies in Anhui and Jiangxi," Manning, Kimberley Ens and Felix Wemheuer eds., *Eating Bitterness: New Perspectives on China's Great Leap Forward and Famine*, Vancouver: UBC Press, 2011.

Kulp, Daniel Harrison, *Country Life in South China: The Sociology of Familism*, New York : Bureau of Publications Teachers College Columbia University, 1925.（喜多野清一・及川宏訳『南支那の村落生活：家族主義の社会学』生活社、１９４０年）

Smith, Arthur H. *Village Life in China: A Study in Sociology*, New York: Fleming H. Revell, 1899.（仙波泰雄・塩谷安夫訳『支那の村落生活』生活社、１９４１年）

Song, Jing, *Gender and Employment in Rural China*, Abingdon, Oxon: Routledge, 2017.

Tahara, Fumiki, "Heteronomous Rationality and Rural Protests: Peasants' Perceived Egalitarianism in Post-taxation China," *China Information*, 37 (1), 2023.

馮川『従生産本位到消費本位：中国農民「負担」機制的社会変遷』華中科技大学修士学位論文、２０１３年。

国家統計局住戸調査司編『中国住戸調査年鑑２０２２』北京：中国統計出版社、２０２２年。

呂徳文『澗村的圏子：一個客家村荘的村治模式』済南：山東人民出版社、２００９年。

盧暉臨「集体化与農民平均主義心態的形成：関于房屋的故事」『社会学研究』２００６年第６期。

第2章

小嶋華津子・磯部靖編『中国共産党の統治と基層幹部』慶應義塾大学出版会、２０２３年。

鈴木榮太郎『日本農村社会学原理』時潮社、１９４０年（『鈴木榮太郎著作集』第一、二巻、未來社、１９６８年）。

宋恩栄編著・鎌田文彦訳『晏陽初：その平民教育と郷村建設』農山漁村文化協会、２０００年。

田原史起「中国農村における開発とリーダーシップ：北京市遠郊X村の野菜卸売市場をめぐって」『アジア経済』第46巻第6号、２００５年。

田原史起『草の根の中国：村落ガバナンスと資源循環』東京大学出版会、２０１９年。

田原史起「スキマの小集落：中国貴州省石村の創造性」『農村計画学会誌』第42巻第3号、２０２３年。

鳥越皓之『家と村の社会学（増補版）』世界思想社、１９９３年。

古川ゆかり「中国における中間所得層の高齢者福祉の行方：浙江省仙居県域の事例」『中国研究月報』第８４１号、２０１８年。

袁松『富人治村：城鎮化進程中的郷村権力結構転型』北京：中国社会科学出版社、２０１５年。

張楽天『告別理想：人民公社制度研究』上海、東方出版中心、１９９８年。

張雪霖「〝大喇叭〟打通了郷村防疫的〝最後一公里〟」澎湃新新聞（https://www.thepaper.cn/newsDetail_forward_5718541）。

第３章

マックス・ヴェーバー著・脇圭平訳『職業としての政治』岩波文庫、１９８０年。

春日雅司「部落推薦の歴史的変遷について：鳥取県八頭郡佐治村の場合」『ソシオロジ』第33巻第2号、１９８８年。

章炳麟著・西順蔵・近藤邦康編訳『章炳麟集』岩波文庫、１９９０年。

田原史起「中国農村政治の構図：村民自治・農民上訪・税費改革をどうみるか」天児慧・浅野亮編著『中国・台湾（世界政治叢書第８巻）』ミネルヴァ書房、２００８年。

深町英夫編『中国議会１００年史：誰が誰を代表してきたのか』東京大学出版会、２０１５年。

増淵龍夫『歴史家の同時代史的考察について』岩波書店、１９８３年。

Harrison, Henrietta, *The Man Awakened from Dreams*, California: Stanford University press, 2005.

Lin, Yutang, *My Country and My People*, New York: J. Day, 1939.（林語堂著・鋤柄治郎訳『中国＝文化と思想』講談社学術文庫、１９９９年）

Tahara, Fumiki and Laxman Vare, "Caste Composition in a Telangana Village, South India: Segmentation and Interdependence", *ODYSSEUS*（東京大学大学院総合文化研究科地域文化研究専攻紀要）, 25, 2021.

馮川『〝渾沌〟之治：中国農村基層治理的基本邏輯（1980-2015）』北京：中国社会科学出版社、2022年。

梅志罡「伝統社会文化背景下的均衡型村治：一個個案的調査分析」『中国農村観察』2000年第2期。

田原史起『日本視野中的中国農村精英：関係、団結、三農政治』済南：山東人民出版社、2012年。

第4章

李伯元著・入矢義高訳『官場現形記　上』（中国古典文学全集　第27巻）平凡社、1959年。

田原史起『中国農村の権力構造：建国初期のエリート再編』御茶の水書房、2004年。

田原史起「『発家致富』と出稼ぎ経済：21世紀中国農民のエートスをめぐって」谷垣真理子・伊藤徳也・岩月純一編『戦後日本の中国研究と中国認識：東大駒場と内外の視点』風響社、2018年。

Rosling, Hans, Ola Rosling, and Anna Rosling Rönnlund, *Factfulness: Ten Reasons We're Wrong about the World and Why Things are Better than You Think*, London: Sceptre, 2018.（上杉周作、関美和訳『FACTFULNESS：10の思い込みを乗り越え、データを基に世界を正しく見る習慣』日経BP社、2019年）

賀雪峰『村治模式：若干案例研究』済南：山東人民出版社、2009年。

第5章

小林一穂・秦慶武・高暁梅・何淑珍・徳川直人・徐光平『中国農村の集住化：山東省平陰県における新型農村社区の事例研究』御茶の水書房、2016年。

田原史起「中国の都市化政策と県域社会：『多極集中』への道程」『ODYSSEUS』（東京大学大学院総合文化

研究科地域文化研究専攻紀要)、第19号、２０１５年。
安永軍「中西部県域的〝去工業化〟及其社会影響」『文化縦横』２０１９年第5期。
白靖平「活在県城」『延安小説』２０２０年第４期。
白美妃「撐開在城郷之間的家：基礎設施、時空経験与県域城郷関係再認識」『社会学研究』２０２１年第6期。
丁国強「県城生活」『郷鎮論壇』２００３年第４期。
国家統計局農村社会経済調査司編『２０１１中国県（市）社会経済統計年鑑』中国統計出版社、２０１１年。

終章

Naughton, Barry, *The Chinese Economy: Adaptation and Growth* (*2nd edition*), Cambridge, Massachusetts and London, MIT Press, 2018.

田原史起（たはら・ふみき）

1967年，広島県生まれ．一橋大学大学院社会学研究科博士課程修了．社会学博士．専攻は農村社会学，中国地域研究．新潟産業大学人文学部講師，東京大学大学院総合文化研究科准教授などを経て，2021年より同教授．
著書『中国農村の権力構造——建国初期のエリート再編』（御茶の水書房，2004年）
『二十世紀中国の革命と農村』（山川出版社，2008年）
『草の根の中国——村落ガバナンスと資源循環』（東京大学出版会，2019年，アジア・太平洋賞大賞，地域研究コンソーシアム研究作品賞）
など．

中国農村の現在（ちゅうごくのうそんのげんざい）
中公新書 2791

2024年2月25日発行

著　者　田原史起
発行者　安部順一

本文印刷　暁　印　刷
カバー印刷　大熊整美堂
製　　本　小泉製本

発行所　中央公論新社
〒100-8152
東京都千代田区大手町1-7-1
電話　販売　03-5299-1730
　　　編集　03-5299-1830
URL https://www.chuko.co.jp/

Published by CHUOKORON-SHINSHA, INC.
Printed in Japan　ISBN978-4-12-102791-7 C1236

中公新書

地域・文化・紀行

t1